Mohamed Marghsi

Modélisation et simulation d'un réacteur chimique tubulaire

Mohamed Marghsi

Modélisation et simulation d'un réacteur chimique tubulaire

Application à la polymérisation des oléfines

Presses Académiques Francophones

Imprint

Any brand names and product names mentioned in this book are subject to trademark, brand or patent protection and are trademarks or registered trademarks of their respective holders. The use of brand names, product names, common names, trade names, product descriptions etc. even without a particular marking in this work is in no way to be construed to mean that such names may be regarded as unrestricted in respect of trademark and brand protection legislation and could thus be used by anyone.

Cover image: www.ingimage.com

Publisher:
Presses Académiques Francophones
is a trademark of
Dodo Books Indian Ocean Ltd., member of the OmniScriptum S.R.L Publishing group
str. A.Russo 15, of. 61, Chisinau-2068, Republic of Moldova Europe
Printed at: see last page
ISBN: 978-3-8416-3284-5

Zugl. / Agréé par: Algérie,Université Ferhat-Abbas, Faculté de Technologie, Sétif 1, Thèse.,2013

Titre de l'ouvrage

Modélisation et simulation d'un réacteur
chimique tubulaire
« Application à la polymérisation des oléfines »

Par

Dr. Marghsi Mohamed

Enseignent Chercheur de l'université **Ferhat Abbas- Sétif 1- (Algérie)**

2013

JE DEDIE CE TRAVAIL

A TOUS CEUX QUI ME SONT CHERS

A MON PERE ET MA MERE
A MA FEMME ET MES ENFANTS
A/HAMID ELFARES, AMINA ET YACINE
NourEddine

A TOUS LES MEMBRES
DE LA FAMILLE MARGHSI

Remerciements

*Dieu merci de m'avoir donné l'énergie, la patience et le courage
nécessaire à l'aboutissement de ce travail.*

*Je tiens à remercier Monsieur le Professeur **BENACHOUR DJAFER** pour,
ses suggestions, ses compétences scientifiques et le soutient qui a
gracieusement accepté de lire et de corriger cet ouvrage*

*Je n'oublie pas d'exprimer ici ma plus profonde gratitude à tous ceux qui
m'ont aidé de près ou de loin dans ce modeste travail.*

TABLES DES MATIERES

I

Liste des Figures

Liste des Schémas

Liste des Tableaux

Introduction

Introduction

Depuis fort longtemps la production dans l'industrie chimique a été fondée uniquement sur l'expérience. Toutefois, pour des considérations économiques, et pour éviter des expériences de plus en plus coûteuses compte tenu du fait que très souvent, on travaille dans des conditions extrêmes de température et de pression, l'utilisation des méthodes de simulation, à travers des modèles mathématiques, permettant de prédire les relations existant entre la modification des paramètres expérimentaux ou de production et les résultats observés dans la pratique, est devenue nécessaire. Le sujet du présent travail est de faire appel à la fois à la modélisation des phénomènes observés dans le génie des procédés et le génie de la polymérisation en passant par la chimie des polymères, le tout sur fond de la simulation. Devant la difficulté de couvrir toute la bibliographie de ces différents thèmes, nous présenterons seulement quelques références fondamentales.

La polymérisation de certains hydrocarbures non saturés, appelés « oléfines », est extrêmement importante. Elle comprend principalement les polyéthylènes basse et haute densité (PEBD, PEHD) et le polypropylène (PP). Le polyéthylène basse densité (PEBD) est un polymère polyvalent qui connaît une très large gamme d'applications. Ainsi son procédé de polymérisation constitue un domaine de recherche très vaste, et revêt une importance économique considérable. A cet égard, la compréhension du procédé de polymérisation nécessite l'utilisation de la simulation pas à pas du mécanisme réactionnel, afin de mettre en évidence une nouvelle procédure permettant d'obtenir une meilleure conversion (qui est actuellement de l'ordre de 15% à 35% en pratique) et d'améliorer la performance du réacteur en se basant sur un modèle bidimensionnel pseudo-homogène proposé pour un réacteur chimique tubulaire. Les conditions de fonctionnement du réacteur sont souvent difficiles à fixer, elles devraient idéalement résulter de calculs de simulation. En d'autres termes, l'aspect important est le calcul et la détermination des conditions opératoires optimales de température, de pression, etc. en chaque point de réacteur ainsi que la géométrie de ce réacteur et ceci de façon rationnelle. Les résultats de plusieurs tests dans des conditions similaires à celles d'une polymérisation à l'échelle industrielle sont analysés et présentés pour prédire le comportement et la performance du système.

Plusieurs modèles mathématiques sont disponibles pour les réacteurs chimiques [1-5], et beaucoup de chercheurs ont essayé de modéliser et simuler la polymérisation de l'éthylène dans des réacteurs autoclaves [6-8] et réacteurs tubulaires [9,10]. L'utilisation et le choix entre ces modèles sont surtout dictés par les moyens de calcul dont on dispose et par la connaissance des valeurs des paramètres nécessaires à la simulation.

Les réacteurs chimiques tubulaires ont un rôle clé dans l'industrie chimique [11], et font toujours partie d'un système plus large de production. Pour cela, il est indispensable de connaître le comportement du réacteur, qui réside dans la proposition d'un ensemble de modèles mathématiques qui le caractérisent [1, 4, 5, 12]. Suivant la précision nécessaire, on pourra affiner les modèles afin de tenir compte, dans les calculs, de phénomènes plus ou moins secondaires, ce qui permet d'obtenir des représentations de plus en plus proches de la réalité.

A cet effet, un modèle bidimensionnel pseudo homogène, basé sur les bilans de matière et de chaleur [13], est utilisé pour l'étude du comportement d'un réacteur chimique tubulaire où se déroule une réaction de polymérisation. Le modèle proposé et la méthode de résolution, qui lui a été associée, permettent de mieux comprendre la cinétique de la réaction, en particulier la polymérisation de l'éthylène, et d'obtenir les profils de température et de conversion lors d'une réaction de synthèse du PEBD dans un réacteur chimique tubulaire en régime permanent. C'est au cours de ces dernières années que la cinétique de réaction chimique a connu une évolution et un développement, dans le domaine expérimental, grâce à la technique de simulation où, même l'analyse de la stabilité du réacteur peut être réalisée.

C'est à l'aide d'un programme de simulation qui prend en compte tous les paramètres, que plusieurs séries de test sont effectuées, en se basant sur une vaste plage de température (60-300°C) et de pression (80-300 MPa). Il a été constaté qu'il est possible de travailler à des températures qui autorisent une bonne conversion tout en évitant de trop excéder la pression. La conversion n'est pas élevée (< 35%) et le polymère obtenu a un faible taux de cristallinité, il aura donc tendance à avoir une basse densité.

Vu l'exo thermicité de cette réaction, une attention très particulière a été portée aux conditions opératoires (T_0, P_t.....) pour garantir les performances, le bon fonctionnement et le contrôle de la stabilité du réacteur (afin d'éviter les points chauds qui sont la cause de plusieurs problèmes industriels). L'idée est aussi, d'avoir une meilleure maîtrise des échanges thermiques, en proposant d'étudier l'effet du rapport L/D sur le comportement du réacteur. La prédiction de ce dernier paramètre (L/D) constitue une étape importante dans le calcul d'un réacteur. Du point de vue pratique, il est préférable de choisir un réacteur long et de petit diamètre (L/D élevé).

Références

[1] L. LE Letty, A. LE Pourhiet, J. B. Gros, et M. Enjalbert, «Modèle Bidimensionnel de Réacteur Catalytique à Lit Fixe » *Chem. Eng. J.*, 8 (**1974**) pp.179-190.

[2] G. Djelveh, J. B. Gros, R. Bugarel, "Simulation d'un réacteur catalytique à lit fixe (Oxydation du propène) "*Can. J. of Chem. Eng.*Vol. 60 (**1982**) pp.146-152.

[3] J. B. Gros, R. Bugarel, "Etude Comparative de Modèles de Réacteurs Catalytiques à Lit Fixe "Chem. *Eng. J.* 13(**1977**) pp.165-177.

[4] G. F. Froment, K. B. Bischoff, Chemical Reactor Analysis and Design, John Wiley and Sons, New York (**1979**).

[5] N. Thérien, P. Tessier, "Modélisation et Simulation de la Décomposition Catalytique du Méthanol dans un Réacteur à Lit Fixe" *Can. J. of Chem. Eng.*, Vol. 65 (**1987**) pp. 950-957.

[6] P. Feucht, B. Tilger, G. Luft, « Prediction of molar mass distribution, number and Weight overage degree of polymerization and branching of low density polyethylene » *Chem. Eng. Sic., vol.40, N°10* (**1985**) pp.1935-1942.

[7] P. Lorenzini, M. Pons, J. Villermaux, "Free-radical polymerization engineering. IV: Modelling homogeneous polymerization of ethylene: determination of model parameters and final adjustment of kinetic coefficients", *Chem. Eng. Sic.*, vol.47 N°15-16 (**1992**) pp.3981-3988.

[8] R. Dhib, N. Al-Nidawy, "Modeling of free radical polymerization of ethylene using difunctionnal initiators", *Chem. Eng. Sci.*, vol.57 (**2002**) pp.2735-2746.

[9] A. Brandolin, N. J. Capiati, J. N. Farber, E. M. Valles,"Mathematical model for High pressure tubular reactor for ethylene polymerization", *Ind. Eng.Chem. Res.*, vol.27 (**1988**) pp.784-790.

[10] A. Baltsas, E. Papadopoulos, C. Kiparissides, *" Application and validation of the pseudo-kinetic rate constant method to high pressure LDPE tubular reactor"*, *Comput. Chem. Eng.* **1998**, *22(Suppl.1)*, S95-S102.

[11] J. R. H. Ross, Catalyst preparation: from Art to Science, Technisch Hogeschool Twente, (**1984**).

[12] C. H. Barkelew, "Stability of Chemical Reactors », *Chem. Eng. Prog., Symp.* Ser., No.25 (**1959**) 55, 37.

[13] M. Marghsi, "modélisation et simulation d'un réacteur catalytique à lit fixe : Application à la synthèse du SO_3" , thèse de magistère , Université Ferhat-Abbas-Sétif 1- , Algérie (**1996**).

Chapitre I

Étude bibliographique

I- Introduction à la chimie radicalaire

II- Cinétique globale

III- Polymérisation Radicalaire des Monomères Vinyliques

III.1 - Mécanisme général

    1) Amorçage et formation du radical primaire

        1.1- Durée de vie moyenne

        1.2- Exemples d'amorceurs chimiques

    2) Propagation

        2.1- Réactions de transfert de chaîne

    3) Terminaison

        a- par combinaison

        b- par dismutation

IV- Notions de longueur de chaîne cinétique et relation avec le degré de polymérisation

    1- Longueur de chaîne cinétique

    2– Relation avec le degré de polymérisation

V- Problèmes majeurs liés à la polymérisation radicalaire

Références

I- Introduction à la chimie radicalaire :

La chimie radicalaire est un outil en synthèse organique de mieux en mieux maitrisé et de plus en plus performant. Historiquement, la chimie des radicaux libres est née au début du xxème siècle avec la mise en évidence du premier radical par Moses Gomberg sous forme d'un composé trivalent, le triphénylméthyle $(C_6H_5)_3C^\cdot$ [1].

$$Ph_3ccl \quad + \quad Ag(O) \quad \rightarrow \quad Ph_3c^\cdot$$

Ces radicaux libres sont des espèces possédant un électron non apparié issu de la rupture homolytique (symétrique) d'une liaison faible.

$$A\frown\!\!\!-\frown B \quad \rightarrow \quad A^\cdot \ + \ B^\cdot$$

Cette rupture peut être effectuée selon trois méthodes: la thermolyse, la photolyse et les réactions d'oxydoréduction. $A^\cdot$ et $B^\cdot$ sont des espèces, électroniquement neutres, généralement très réactives du fait de la présence de l'électron libre qui peut réagir avec un autre radical ou s'additionner sur une insaturation présente dans le milieu.

Depuis les trente dernières années, la compréhension des paramètres propres aux réactions radicalaires a permis le développement de méthodes extrêmement utiles pour les organiciens. La chimie radicalaire complète aujourd'hui l'arsenal des réactions ioniques et organométalliques déjà disponibles. Le comportement des radicaux est maintenant suffisamment connu pour envisager des étapes complexes, en particulier en synthèse totale.

Cette introduction n'a pas pour vocation de présenter la chimie radicalaire dans son ensemble ; des ouvrages complets traitant des aspects théoriques et synthétiques des radicaux serviront de références pour les caractéristiques générales les concernant [2-7].

De manière générale, un mécanisme radicalaire mettant en jeu des réactions radicalaires selon la succession d'étapes suivantes: la génération dans un premier temps du radical issu du réactif, la réalisation de la ou des transformations désirées et finalement l'élimination du caractère radicalaire (destruction des radicaux).

II- Cinétique globale:

La cinétique chimique, également connue sous le nom de théorie cinétique des réactions, fournit aux chercheurs chimistes la façon dont les différentes conditions expérimentales peuvent influencer la vitesse d'une réaction chimique et rapporter des informations sur le mécanisme réactionnel. A elle seule, la cinétique est un domaine de recherche suffisamment vaste.

En général, pour modéliser les cinétiques chimiques, on écrit que le mécanisme est lié à la rupture des liaisons puis à la formation de nouvelles liaisons. Ce processus de rupture et de reconstruction est basé sur deux types de fragmentation :

- *mode homolytique ou radicalaire :* → Formation de deux fragments, chacun gardant un électron de la liaison. L'électron est célibataire comme sur un atome libre. Que ce soit un fragment simple ou polyatomique, on l'appelle radical libre. C'est le cas d'environ 10% des réactions organiques.

- *mode hétérolytique (ou ionique ou acido-basique) :* → Au cours de la rupture, l'un des atomes garde la paire d'électrons de la liaison. Il y a constitution d'une base de Lewis. Ce processus constitue la très grande majorité des mécanismes réactionnels.

Il n'y a pas de règle générale permettant de prévoir avec certitude les mécanismes. Cependant, les ruptures en phases gazeuses sont généralement homolytiques alors qu'en solution, elles sont plutôt du type hétérolytique.

III- Polymérisation radicalaire des monomères vinyliques :
III.1 - Mécanisme général :

Parmi toutes les réactions chimiques qu'on peut envisager dans le domaine de la synthèse des polymères, la chimie radicalaire est la plus importante compte tenu de ses potentialités énormes en termes de cinétique et de fonctionnalisation de polymères non polaires tels, que par exemple, les polyoléfines.

La polymérisation par voie radicalaire est une réaction en chaîne cinétique très rapide, en raison de la grande réactivité des radicaux libres qui propagent la réaction. Cette polymérisation est la plus utilisée industriellement (75% de la production mondiale de tous types de polymères) et la plus étudiée également mais pas nécessairement la mieux connue, car elle s'applique à un très grand nombre de monomères insaturés [8] :

- esters acryliques ou méthacryliques
- styréniques
- chlorure de vinyle…….

Comme tout processus de réaction en chaine, la polymérisation est un processus aléatoire. En d'autres termes, ce type de polymérisation est caractérisé par l'établissement d'un état quasi stationnaire de concentration des centres actifs, c'est-à-dire par un état tel que la vitesse de formation des centres actifs est égale à la vitesse de leur disparition.

D'autre part, elle est réalisable par des procédés et des conditions opératoires diverses et, d'autre part, elle est constituée de trois étapes réactionnelles principales de cinétiques différentes qui peuvent avoir lieu simultanément, à savoir: l'amorçage, la propagation et la terminaison [9-17]. Ces étapes sont présentées par le schéma réactionnel suivant :

1) Amorçage et formation du radical primaire :

L'amorçage est la première étape du processus, elle est également nommée initiation, et elle consiste à générer des radicaux libres par fragmentation homolytique d'une liaison faible, où en présence de l'initiateur I . Cet amorçage peut être divisé en deux réactions successives distinctes : une réaction de dissociation de l'amorceur et une réaction d'amorçage avec transfert du site actif sur une molécule de monomère. La source d'énergie nécessaire à cette étape, doit être suffisamment sélective.

• **La première réaction**, est la décomposition de l'initiateur I en deux radicaux libres R^* , qui sont des espèces instables, d'une durée de vie très courte et qui sont susceptibles de réagir rapidement avant de se recombiner ou se transformer. Ces radicaux sont produits en rompant des liaisons covalentes soit par action de la chaleur, soit par action de rayonnements divers (**UV, γ**), qui nécessite une énergie d'activation élevée, de l'ordre de 20 à 40 Kcal ∗ mol $^{-1}$.

$$ I \xrightarrow{\quad K_d \quad} 2R^* \qquad (1) $$

K_d : est la constante de vitesse de décomposition.de l'amorceur, elle dépend de la structure de l'amorceur et de leur température de décomposition.

L'équation cinétique de la vitesse de décomposition de l'initiateur est donnée par l'expression suivante:

$$ R_d = -\frac{d[I]}{dt} = K_d \times [I] = \frac{1}{2} \times \frac{d[R^*]}{dt} \qquad (1.1) $$

• **La deuxième réaction** est l'addition du monomère M au radical libre R^* pour former le radical primaire M_1^*, qui présente le premier " maillon " de la chaîne polymère en croissance.

$$ R^* + M \xrightarrow{\quad K_a \quad} M_1^* \qquad (2) $$

K_a : est la constante de vitesse d'activation.

L'équation cinétique de la vitesse d'amorçage est donnée par l'expression :

$$ R_a = \frac{d[M_1^*]}{dt} = K_a \times [R^\bullet] \times [M] \qquad (2.1) $$

10

Comme réaction secondaire, on peut avoir la combinaison de deux radicaux

$$R^* \quad + \quad R^* \quad \xrightarrow{\quad K_c \quad} \quad R - R \quad\quad (2.2)$$

Kc : est la constante de vitesse de combinaison

En raison de la proximité des deux radicaux R^* au moment de leur apparition (réaction (1)) ainsi que de la valeur élevée de la constante de vitesse de combinaison Kc, une fraction non négligeable des molécules d'amorceur sont directement impliquées dans des réactions de combinaison et de terminaison de chaînes et ne conduisent donc pas à la formation de chaînes polymères. On peut dire donc que seule une fraction des radicaux formés par la décomposition de l'amorceur sert à amorcer la polymérisation. Sur la base de cette remarque, on peut définir un facteur d'efficacité f de l'amorceur et qu'on appelle aussi la fraction des radicaux formés par décomposition, elle est comprise entre $0.4 < f < 0.9$, qui sert réellement à initier la polymérisation (pratiquement $f = 0.6$ [18]).

C'est, d'une manière générale, la première réaction qui constitue l'étape lente (par rapport aux cinétiques de propagation et de terminaison) qui gouverne la vitesse globale du processus d'amorçage ou d'activation. Cela veut dire que la vitesse de décomposition de I est la vitesse qui contrôle le pas dans la polymérisation radicalaire libre, c'est elle (réaction (1)) qui détermine la cinétique globale de cette étape : donc

$$R_i = R_a = 2 \times f \times K_d \times [I] = \frac{d[R^\bullet]}{dt} \quad\quad (3)$$

où le facteur 2 signifie que la vitesse d'apparition des radicaux R^* est deux fois plus élevée que la vitesse de décomposition de l'amorceur et f tient compte du fait qu'il n'y a qu'une fraction seulement des radicaux R^* qui amorce la polymérisation.

Par ailleurs, les temps de demi-vie des radicaux permettent de retrouver aisément la valeur de K_d (constante de vitesse de décomposition) de l'amorceur à partir de son équation cinétique (1.1).

$$-\frac{d[I]}{[I]} = K_d \times dt \qu\quad (3.1)$$

11

$$(-\ln [I] \,)^{I}_{I_0} = K_d \times t$$

$$\ln \frac{[I]_0}{[I]} = K_d \times t \qquad (3.2)$$

où
$$\ln \frac{[I]}{[I]_0} = -K_d \times t$$

$$[I] = [I]_0 \times e^{-K_d \times t} \qquad (3.3)$$

et pour $t = t_{1/2} \quad \Rightarrow \quad [I] = \frac{[I]_0}{2}$

$$\Rightarrow \quad \frac{[I]_0}{2} = [I]_0 \times e^{-K_d \times t_{1/2}}$$

$$-\ln 2 = -K_d \times t_{1/2}$$

$$\Rightarrow \quad K_d = \frac{\ln 2}{t_{1/2}} \qquad (3.4)$$

L'équation (3.4) confirme que l'amorceur est communément défini par son temps de demi-vie, $t_{1/2}$.

1.1- **Durée de vie moyenne :**

Le temps de vie moyen des radicaux à l'état stationnaire est donné par l'expression suivante :

$$\tau_S = \frac{[M^*]}{R_i} = \frac{[M^*]}{R_t} = \frac{[M^*]}{K_t[M^*]^2} = \frac{1}{K_t[M^*]}$$

Où
$$R_t = K_t \times [M^\bullet]^2$$

aussi on a :
$$R_p = K_p \times [M] \times [M^\bullet]$$

$$\Rightarrow \quad [M^\bullet] = \frac{R_p}{K_p \times [M]}$$

12

en remplaçant $[M^{\bullet}]$ dans τ_s on trouve :

$$\tau_S = \frac{K_p \times [M]}{K_t \times R_p}$$

on obtient aussi :

$$\frac{K_p}{K_t} = \frac{\tau_S \times R_p}{[M]}$$

1.2- <u>Exemples d'amorceurs chimiques :</u>

Le choix de l'amorceur est conditionné par son temps de demi- vie $t_{1/2}$ à une température donnée ou bien par la température à laquelle le processus radicalaire doit se dérouler, ainsi que par la nature du radical libéré. La combinaison amorceur / température permet ainsi de contrôler la vitesse à laquelle les radicaux sont produits. En pratique, on utilise les générateurs de radicaux libres dans des conditions où leur durée de demi-vie est de l'ordre de 10 heures.

Les amorceurs les plus couramment utilisés aussi bien au laboratoire qu'en industrie sont représentés sur le schéma suivant [19]:

-*les peroxydes* (peroxyde de benzoyle, **POB**) : qui présentent une liaison oxygène-oxygène « faible », et qui peut subir une réaction de coupure homolytique intramoléculaire sous l'action de températures modérées.

$$Ph-\overset{\overset{\displaystyle O}{\|}}{C}-O-O-\overset{\overset{\displaystyle O}{\|}}{C}-Ph \overset{K_d}{\rightleftharpoons} 2\ Ph-\overset{\overset{\displaystyle O}{\|}}{C}-O^{\bullet} \rightleftharpoons 2\ Ph\bullet + 2\ CO_{2(g)}$$

radical benzoyloxy   radical phényl

-*les azoïques* (exemple l'azobi-sisobutyronitrile, **AIBN**) : c'est une molécule qui se décompose facilement en diazote (gaz) et en un radical stabilisé par le groupement nitrile. L'efficacité est à 60% pour la production de radicaux.

13

$$(CH_3)_2-\underset{\underset{CN}{|}}{C}-N=N-\underset{\underset{CN}{|}}{C}-(CH_3)_2 \xrightleftharpoons{\quad K_d \quad} 2\ CH_3-\underset{\underset{CN}{|}}{\overset{\bullet}{C}}-CH_3 + N_{2(g)} \uparrow$$

2) Propagation:

L'étape principale de la polymérisation est la propagation de chaînes, qui comprend plusieurs réactions élémentaires, au cours de laquelle s'édifie la macromolécule (sans changer la nature du radical propageant) et qui peuvent atteindre des degrés de polymérisation de 10^3 en 10^{-3} seconde. L'étape de propagation est caractérisée par une cinétique très rapide, et elle nécessite une énergie d'activation relativement faible, de 3 à 10 Kcal $*$ mol^{-1}.

L'addition successive du monomère M durant la propagation peut être représentée comme suit:

$$M_1^* + M \xrightarrow{\quad K_{P1} \quad} M_2^*$$

$$M_2^* + M \xrightarrow{\quad K_{P2} \quad} M_3^* \qquad (4)$$

en général $\quad M_n^* + M \xrightarrow{\quad K_{Pn} \quad} M_{n+1}^*$

où $\quad K_{P1}, K_{P2}, \dots, K_{Pn}\quad$ sont des constantes de vitesse de propagation.

D'après l'hypothèse de Flory (la constante de vitesse de réaction d'un groupe fonctionnel indépendante de la taille de la molécule à laquelle il est attaché) on peut simplifier considérablement la cinétique de la polymérisation en posant :

$$K_{P1} = K_{P2}\dots\dots = K_{Pn} = K_P$$

Pour calculer l'expression cinétique, il est nécessaire d'introduire un certain nombre d'hypothèses: on suppose, en premier lieu, pour des taux de conversion faibles, que la réactivité d'un radical est indépendante de la longueur de la chaîne polymérique qui le porte.

En d'autres termes, on peut exprimer la vitesse de polymérisation par l'équation suivante:

$$-\frac{d[M]}{dt} = K_a \times [R^\bullet] \times [M] + K_P \times [M] \times \sum [M_i^\bullet]$$

$$R_P = \underbrace{K_a \times [R^\bullet] \times [M]}_{\textbf{Amorçage}} + \underbrace{K_P \times [M] \times [M^\bullet]}_{\textbf{Propagation}} \qquad (4.1)$$

Dans l'équation (4.1), $[M^*]$ représente la concentration globale $\sum [Mi^*]$ en radicaux propagateurs de chaîne.

En effet, pour avoir un polymère de masse moléculaire élevée, on néglige, dans le calcul cinétique, le nombre de molécules de monomère consommé par l'étape d'amorçage (2), c'est-à-dire que, vu que toutes les molécules monomères sont consommées lors de la propagation - sauf une par chaine (celle impliquée dans l'amorçage (2)) - la vitesse de propagation R_P peut être assimilée à la vitesse globale de polymérisation, ce qui permet d'écrire :

$$R_P = K_P \times [M] \times [M^*] \qquad (4.2)$$

Pour calculer la valeur de la vitesse de la polymérisation R_P, il faut déterminer la concentration $[M^*]$ en radicaux propagateurs. Pour ceci, on introduit l'hypothèse de la quasi stationnarité des centres actifs qui postule que la concentration des différents intermédiaires réactionnels reste quasiment stationnaire durant toute la polymérisation, c'est-à-dire que la vitesse de la variation de la concentration des espèces actives intermédiaires est beaucoup plus petite que leur vitesse d'apparition ou de disparition.

A partir de cette hypothèse de quasi stationnarité proposé pour les radicaux $R^\bullet$ et $M^\bullet$ on peut écrire :

$$\frac{d[R^\bullet]}{dt} = 2 \times f \times K_d \times [I] - K_a \times [R^\bullet] \times [M] = 0 \qquad (4.\ 2a)$$

et

$$\frac{d[M^\bullet]}{dt} = K_a \times [R^\bullet] \times [M] - 2 \times K_t \times [M^\bullet]^2 = 0 \qquad (4.\ 2b)$$

En additionnant membre à membre (4. 2a) et (4. 2b) on arrive à la valeur de la concentration en radicaux propageant la chaîne $[M^*]$:

$$2 \times f \times K_d \times [I] - 2 \times K_t \times [M^\bullet]^2 = 0$$

d'où l'on tire :

$$[M^\bullet] = \left(f \times \frac{K_d}{K_t} \right)^{1/2} \times [I]^{1/2} \qquad (4.\ 2c\ )$$

La concentration stationnaire en centres actifs $[M^*]$ est extrêmement faible ($[M^*]$ = 10^{-7} à 10^{-9} mol . l^{-1}) car $K_d \times [I]$ est petit vis-à-vis de K_t .

En remplaçant (4. 2c) dans (4. 2) on obtient l'équation cinétique suivante :

$$R_P = K_P \times [M] \times \left(f \times \frac{K_d}{K_t} \right)^{1/2} \times [I]^{1/2} \qquad (4.\ 3)$$

$$R_P = C^{te} \times [M] \times [I]^{1/2} \qquad (4.\ 3a)$$

avec $\qquad C^{te} = K_P \left(f \times \frac{K_d}{K_t} \right)^{1/2}$

16

La relation (4.3a) montre, que la vitesse de polymérisation est proportionnelle à la concentration en monomère (figure 1) et à la racine carrée de la concentration en amorceur (figure 2).

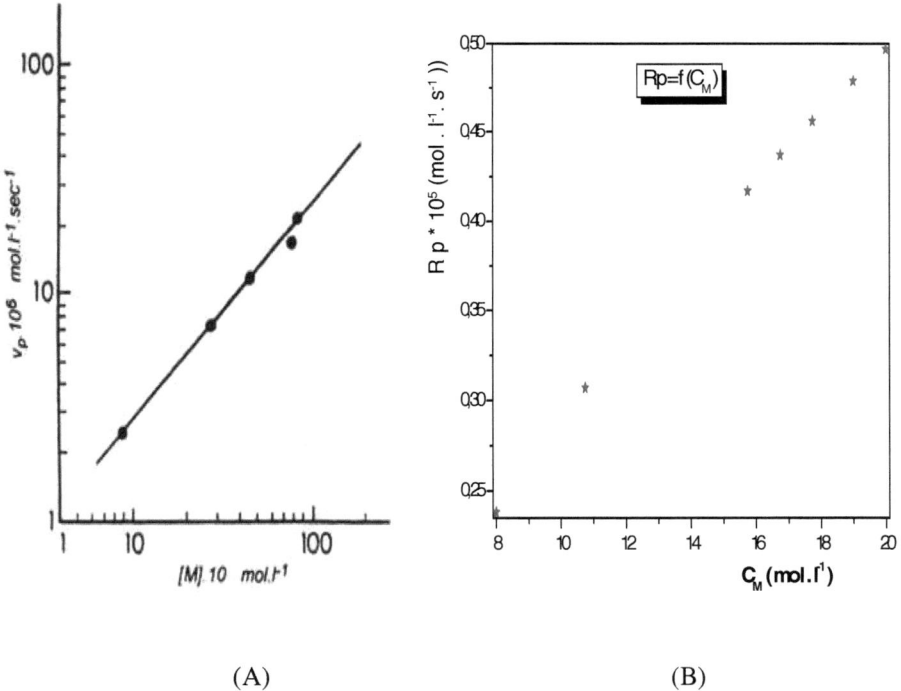

(A)   (B)

Figure 1 : Variation de la vitesse de polymérisation Vp ≈ Rp en fonction
de la concentration en monomère. [M] ≈ C_M

(A) - méthacrylate de méthyle avec : système redox, perbenzoate
de terbutyle / diphénylthiourée [18, 21]

(B) - l'éthylène avec l'AIBN

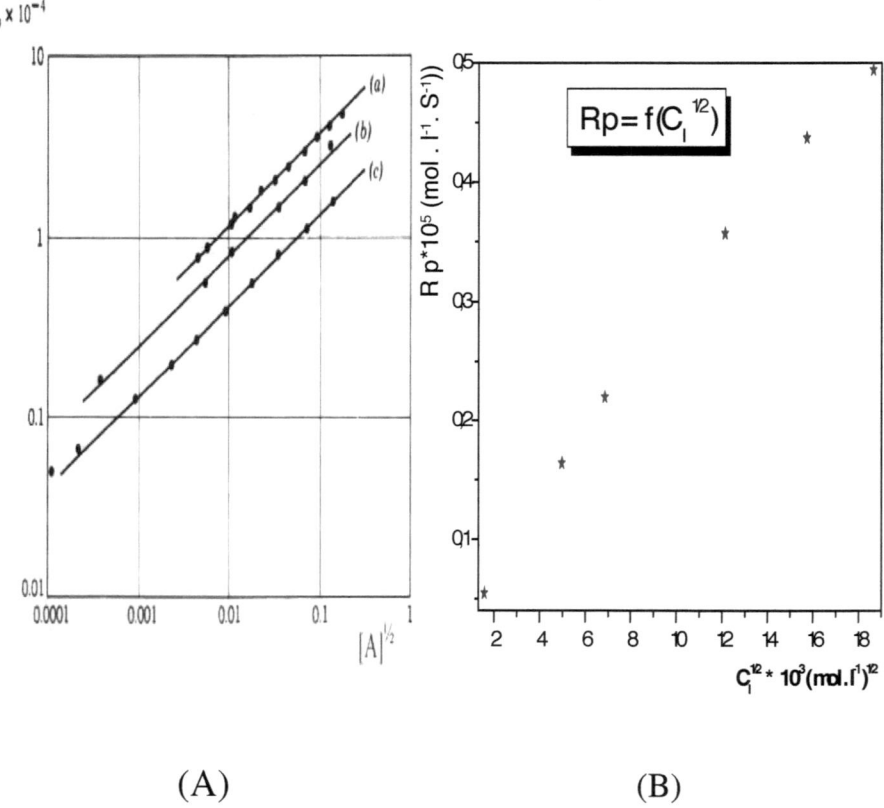

(A)   (B)

Figure 2 : Variation de la vitesse de polymérisation en fonction
de la concentration en amorceur. [A] ≈ C_I

(A) $\begin{cases}\end{cases}$ (a)- méthacrylate de méthyle avec l'AIBN
(b)- méthacrylate de méthyle avec le peroxyde
de benzoyle
(c)- styrène avec le peroxyde de benzoyle [20, 21]

(B) $\begin{cases}\end{cases}$ l'éthylène avec l'AIBN

On observe à partir des courbes {figure 1, (B) et figure 2, (B)} que nos résultats sont en bonne concordance avec la pratique. Cette interprétation basée sur la comparaison avec les courbes tracées {figure 1, (A) et figure 2, (A)}, est confirmée expérimentalement dans de nombreux cas [21].

On peut dire aussi, comme le montre la relation (4.3a), que la vitesse da polymérisation est également proportionnelle à la racine carrée de la vitesse d'amorçage quel que soit le mode d'amorçage utilisé (équation 4.4a).

On peut aussi exprimer R_p d'une manière générale comme suit :

$$R_P = K_P \times [M] \times \left(\frac{R_i}{2 \times K_t} \right)^{1/2} \qquad (4.4)$$

$$R_P = C^{te''} \times R_i^{1/2} \times [M] \qquad (4.4a)$$

avec $\qquad C^{te''} = \left(\frac{K_P^2}{2 \times K_t} \right)^{1/2}$

La relation (4. 4a) montre, que la vitesse da polymérisation est également proportionnelle à la racine carrée de la vitesse d'amorçage.

Théoriquement, la réaction de propagation conduit à la fixation de tout le monomère sur les molécules actives, mais il se peut qu'au cours de la propagation les espèces moléculaires présentes dans le milieu de polymérisation puissent donner lieu à des réactions de transfert qui vont stopper la chaîne cinétique.

2.1- <u>Réactions de transfert de chaîne</u> : [22, 23]

En polymérisation radicalaire, on réserve le terme de transfert au passage du centre actif d'un radical en croissance sur une autre espèce X présente dans le milieu réactionnel (qui peut être l'amorceur, le monomère, le polymère si le taux de conversion est suffisant, le solvant lorsqu'il est présent ou toute autre molécule ajoutée volontairement comme un agent de transfert). On a donc une réaction supplémentaire par rapport au schéma réactionnel ci-dessus, qui va entrainer l'arrêt de la chaine cinétique sans pour autant arrêter la polymérisation. Cela veut dire que cet agent va arrêter la croissance des chaines et, par conséquence, limiter les masses molaires.

$$M_n^\bullet + X \xrightarrow{\quad K_{tr} \quad} X^\bullet + P_n \qquad (5)$$

Dans ce type de réaction, la chaîne moléculaire est arrêtée et la chaîne cinétique est transférée sur une autre espèce moléculaire. Pour que ça soit un véritable transfert, il faut que l'espèce formée $X^\bullet$ soit capable de s'additionner sur une molécule de monomère pour amorcer la formation d'une nouvelle chaîne :

$$X^\bullet + M \xrightarrow{\quad K_a \quad} XM_1^\bullet \xrightarrow{\quad nM \quad} XM_{n+1}^\bullet \qquad (5.1)$$

La réaction de transfert limite la masse moléculaire du polymère, mais n'intervient pas en général pour modifier la vitesse de polymérisation, car la concentration en centres actifs demeure constante. Ainsi l'usage des agents de transfert est de « régler » le degré de polymérisation en synthèse radicalaire. Cela signifie que : Si $K_a < K_p$ (faible réactivité de $X^\bullet$ avec le monomère), on peut observer une diminution de la vitesse de propagation R_p. Par contre, si l'agent de transfert a été choisi convenablement pour que $K_a = K_p$ (cas avec les mercaptans), la vitesse de propagation sera pratiquement inchangée car un radical $M_n^\bullet$ consommé par la réaction de transfert est remplacé par un autre $X^\bullet$ de même réactivité.

En général, on doit aussi signaler que l'inconvénient majeur de ce type de réaction est de stopper la croissance de la macromolécule, c'est-à-dire de contribuer à diminuer le degré de polymérisation. A ce titre, ce mécanisme peut être tout à fait considéré comme une réaction secondaire.

La probabilité de transfert au polymère augmente quand la concentration de ce dernier augmente, c'est-à-dire avec le taux de conversion. Cette réaction provoque la ramification (branchement) du polymère, ce qui se répercute sur ses propriétés physiques et mécaniques.

L'exemple industriel le plus connu qui illustre ce transfert est celui de la polymérisation radicalaire de l'éthylène à haute pression pour obtenir du polyéthylène basse densité (PEBD).

Dans ce cas, des branches de longueur équivalente à celle de la chaîne principale sont observées, ainsi qu'un nombre élevé de ramifications courtes résultant d'un transfert intramoléculaire. En fait, les longues chaînes polymériques se contorsionnent sur elles-mêmes et l'électron libre du centre actif se trouvant au bout de chaîne, peut être transféré à l'intérieur de la chaîne.

3) Terminaison :

C'est au cours de cette phase que l'on voit les chaînes polymériques s'associer pour former une chaîne encore plus grande. Les radicaux sont très réactionnels et leur réaction mutuelle ne demande pratiquement aucune énergie d'activation. La croissance des chaînes peut être interrompue à chaque instant par des réactions de terminaison aux cours desquelles deux radicaux polymères se neutralisent soit par combinaison (couplage), soit par dismutation. Ces deux processus sont très rapides et exothermiques qui rompent la chaîne de propagation.

a- par combinaison :

Ce processus (nécessite la plus faible énergie d'activation) est responsable de la formation des macromolécules de masses moléculaires élevées, où leur distribution est étroite à basse température et l'indice de polymolécularité $I_p \approx 1,5$ (I_p, parfois mal nommé poly dispersité, d'un polymère est le rapport $\overline{M_w}/\overline{M_n}$, Il caractérise la dispersion de la masse molaire du polymère).

Les macro radicaux $M_n^\bullet$ et $M_m^\bullet$ se combinent et se neutralisent en formant une liaison covalente donnant une chaîne plus longue (degré de polymérisation plus élevé).

$$M_n^\bullet + M_m^\bullet \xrightarrow{\quad K_{trc} \quad} P_{n+m} \qquad (6)$$

K_{trc} : Constante de vitesse de terminaison par combinaison

b- <u>par dismutation</u> :

Ce processus (nécessite également une faible énergie d'activation) est responsable de la formation des macromolécules de masses plus faibles, où leur distribution est plus large à haute température (indice de polymolécularité $I_p \approx 2$). Cette réaction neutralise deux centres actifs pour donner des polymères plus courts avec formation d'un bout de chaîne saturé et d'un autre bout de chaîne insaturé. Elle est défavorable à la constitution de longues chaînes (diminution du degré de polymérisation).

$$M_n^\bullet + M_m^\bullet \xrightarrow{\quad K_{trd} \quad} P_{n(+H)} + P_{m(-H)} \qquad (7)$$

Il y a transfert d'un atome hydrogène sur un autre radical. On a donc une molécule saturée $P_{n(+H)}$ et une deuxième insaturée $P_{m(-H)}$ en extrémité.

K_{trd} : constante de vitesse de terminaison par dismutation

La proportion relative de ces deux modes de terminaison dépend essentiellement du type de monomère employé [24], de l'accessibilité des sites radicalaires c'est - à -dire de l'encombrement stérique des sites actifs. Ce qui permet de donner une constante de vitesse de terminaison globale K_t , qui correspond à une moyenne pondérée des constantes individuelles K_{trc} et K_{trd} .

La vitesse de terminaison R_t , qui détermine le nombre de radicaux polymères par unité de temps est donnée par l'expression suivante :

$$R_t = 2 \times K_t \times [M^\bullet]^2 \qquad\qquad (8)$$

avec $\qquad K_t = K_{trc} + K_{trd}$

Des mesures cinétiques montrent que K_t diminue sensiblement, alors que K_p reste largement inchangé. En effet, c'est la diffusion des chaînes en croissance qui contrôle en fait leurs réactions de terminaison. Pour qu'une terminaison s'opère, il faut que deux bouts de chaînes actives se rencontrent. A concentrations en monomères élevées et taux de conversion importants, le milieu devient très visqueux, de sorte que les macromolécules sont entrelacées et leur mobilité globale, dans ce milieu en cours de gélification, décroît. Donc K_t diminue. Par contre la mobilité du monomère n'est guère affectée et il peut toujours diffuser jusqu'aux radicaux actifs en bouts de chaîne, donc K_p reste plus ou moins constante. Dans ces conditions, la durée de vie et donc le nombre de radicaux, augmentent fortement.

IV- Notions de longueur de chaîne cinétique et relation avec le degré de polymérisation :

1- Longueur de chaîne cinétique :

L'une des caractéristique importante des réactions en chaîne (réaction de polymérisation radicalaire) est la longueur de chaîne cinétique λ, qui mesure le nombre moyen de réactions élémentaires (addition de monomères) par centre actif formé (radical) avant la terminaison, et qui est donnée par la relation suivante :

$$\lambda = \frac{R_P}{R_i} \qquad\qquad (9)$$

La vitesse de polymérisation R_P mesure le nombre moyen de molécules de monomère additionnées par unités de temps, tandis que la vitesse d'amorçage R_i détermine le nombre de radicaux polymères créés par unité de temps.

Si on se trouve dans des conditions où le principe de quasi stationnarité des centres actifs est applicable, la vitesse d'amorçage R_i et la vitesse de terminaison R_t sont égales [25], c'est-à-dire :

$$2 \times f \times K_d \times [I] = 2 \times K_t \times [M^\bullet]^2$$

En remplaçant la valeur de $[M^\bullet]$ de l'équation (c) dans (8) on trouve :

$$\left. \begin{array}{c} R_t = 2 \times K_t \times \left(\dfrac{f \times K_d \times [I]}{K_t} \right) \\[3mm] R_t = 2 \times f \times K_d \times [I] = R_i \end{array} \right\} \qquad (10)$$

En remplaçant maintenant R_i par R_t dans (9) on trouve :

$$\lambda = \frac{R_P}{R_t} \qquad (11)$$

$$\lambda = \frac{K_P \times [M] \times [M^\bullet]}{2 \times K_t \times [M^\bullet]^2} = \frac{K_P \times [M]}{2 \times K_t \times [M^\bullet]}$$

$$= \frac{K_P \times [M]}{2 \times K_t \times \left(\dfrac{f \times K_d \times [I]}{K_t} \right)^{1/2}} = \frac{K_P \times [M]}{2 \times \left(f \times K_t \times K_d \times [I] \right)^{1/2}}$$

d'où

$$\left. \begin{array}{c} \lambda = \dfrac{K_P}{2 \times \left(f \times K_t \times K_d \right)^{1/2}} \times \dfrac{[M]}{([I])^{1/2}} \\[4mm] \lambda = \dfrac{K_P^2 \times [M]^2}{2 \times K_t \times R_P} \end{array} \right\} \qquad (12)$$

24

2– Relation avec le degré de polymérisation :

La longueur de chaîne cinétique λ est en relation étroite avec la longueur de chaîne matérielle, avec laquelle il ne faut pas confondre. Cette dernière est mesurée par le degré de polymérisation en nombre $\overline{DP_n}$ qui donne et exprime le nombre moyen d'unités constitutives (monomères) d'une chaîne de polymère.

L'obtention de chaînes polymériques de haute masse moléculaire implique :
- ✓ la diminution du nombre de réactions de terminaison
- ✓ l'absence du nombre de réactions de transfert
- ✓ l'augmentation de la vitesse de propagation par rapport aux vitesses de terminaison et de transfert.

a//) En l'absence de relation de transfert de chaîne, $\overline{DP_n}$ est reliée à λ par l'expression

   suivante:

$$\overrightarrow{DP_n} = \overrightarrow{DP_0} = \frac{\lambda}{x} = \frac{1}{x} \times \frac{R_P}{R_t}$$

$$\overrightarrow{DP_n} = \frac{K_P \times [M]}{2 \times x \times \sqrt{f \times K_t \times K_d \times [I]}} = \frac{K_P^2 \times [M]^2}{2 \times x \times K_t \times R_P} \qquad (13)$$

Le facteur **x** tient compte du mode de terminaison de la chaîne de polymère.

$$x = \begin{cases} 0.5 \Longleftrightarrow \overline{DP_n} = 2\,\lambda \quad \rightarrow \quad \text{(si la terminaison se fait par combinaison)} \\[2em] 1 \Longleftrightarrow \overline{DP_n} = \lambda \quad \rightarrow \quad \text{(si la terminaison se fait par dismutation)} \end{cases}$$

b//) La présence des réactions de transfert, influe sur le degré de polymérisation $\overline{DP_n}$ et pas sur la longueur de la chaîne cinétique du polymère λ. On peut alors concevoir et redéfinir l'expression permettant de calculer le degré de polymérisation en nombre comme le rapport de la vitesse de polymérisation sur la somme de toutes les vitesses d'arrêt d'une chaîne en croissance, que ce soit par terminaison ou par transfert. Il existe donc un aspect compétitif entre la propagation et l'ensemble des réactions secondaires de transfert et de terminaison.

En général, le degré de polymérisation $\overline{DP}_n$ est donné par l'expression suivante :

$$\overline{DP_n} = \frac{R_p}{x \times R_t + \Sigma R_{tr}} \qquad (14)$$

où : $\qquad \Sigma R_{tr} = R_{tr(M)} + R_{tr(S)} + R_{tr(I)}$

or
$$\left. \begin{array}{l} R_{tr(M)} = K_{tr(M)} \times [M^*] \times [M] \\ R_{tr(S)} = K_{tr(S)} \times [M^*] \times [S] \\ R_{tr(I)} = K_{tr(I)} \times [M^*] \times [I] \end{array} \right\}$$

et
$$\left. \begin{array}{l} R_P = K_P \times [M^*] \times [M] \\ R_t = 2. \times K_t \times [M^*]^2 \end{array} \right\}$$

Le transfert au polymère n'est pas pris en compte puisqu' il ne génère pas de nouvelles chaînes mais seulement des ramifications.

d'où :

$$\frac{1}{\overline{DP}_n} = \frac{x.R_t + \Sigma R_{tr}}{R_p}$$

$$\frac{1}{\overline{DP}_n} = \frac{x.R_t}{R_p} + \frac{R_{tr(M)}}{R_P} + \frac{R_{tr(S)}}{R_P} + \frac{R_{tr(I)}}{R_P}$$

Plus le rapport de la vitesse de transfert R_t à la vitesse de propagation R_P est élevé, plus les chaînes résultant de la polymérisation sont courtes. Cela conduit à définir pour chaque espèce donnant lieu au transfert, une constante de transfert :

$$C_{tr} = \frac{K_{tr}}{K_p}$$

La valeur de C_{tr} mesure l'importance du transfert dans le processus de polymérisation.

d'où :

$$\frac{1}{DP_n} = \frac{2 \times x \bullet K_t \times [M^*]^2}{K_p \times [M^*] \times [M]} + \frac{K_{tr(M)} \times [M^*] \times [M]}{K_p \times [M^*] \times [M]} +$$

$$+ \frac{K_{tr(S)} \times [M^*] \times [S]}{K_p \times [M^*] \times [M]} + \frac{K_{tr(I)} \times [M^*] \times [I]}{K_p \times [M^*] \times [M]}$$

Si on pose:

$$C_M = \frac{K_{tr(M)}}{K_p},$$

$$C_S = \frac{K_{tr(S)}}{K_p}, \quad \Big\} \longrightarrow \text{« les constantes de transfert de chaîne »}$$

$$C_I = \frac{K_{tr(I)}}{K_p}$$

On obtient une expression générale sous la forme:

$$\frac{1}{DP_n} = \frac{x}{DP_O} + C_M + C_S \times \frac{[S]}{[M]} + C_I \times \frac{[I]}{[M]} \tag{15}$$

où $\overrightarrow{DP_0}$: degré de polymérisation moyen en l'absence de transfert.

$\dfrac{1}{DP_n}$ dépend donc à priori de l'ensemble $[M]$, $[S]$ et $[I]$, car $\dfrac{[P]}{[M]}$ ne contribue que très faiblement.

*// dans le cas d'une terminaison par combinaison :

$$\frac{1}{DP_n} = \frac{x}{2 \times DP_0} + C_M + C_S \times \frac{[S]}{[M]} + C_I \times \frac{[I]}{[M]}$$ (15.1)

*// Si la terminaison s'effectue par dismutation :

$$\frac{1}{DP_n} = \frac{x}{DP_0} + C_M + C_S \times \frac{[S]}{[M]} + C_I \times \frac{[I]}{[M]}$$ (15.2)

V- **Problèmes majeurs liés à la polymérisation radicalaire** :

En polymérisation radicalaire (et sous les conditions isothermes), on s'attend normalement à ce que la vitesse de polymérisation diminue avec le temps (quand la conversion augmente), puisque les concentrations en monomère et en amorceur diminuent. Cependant, c'est l'exact contraire qui est souvent et fréquemment observé, particulièrement et notamment pour les polymérisations en masse (également en suspension et en émulsion) [26].

Ce phénomène, est une forme majeure de non idéalité cinétique en polymérisation radicalaire. Il est généralement expliqué par le fait quand la conversion du monomère en polymère augmente, la viscosité du milieu augmente dans le réacteur, cette dernière se répercute sur la polymérisation elle-même et la façon de la conduire. En effet, elle affecte la cinétique de polymérisation, l'hydrodynamique du système ainsi que les transferts de matière et de chaleur qui sont les plus gênés ainsi que la diffusion de translation des chaînes qui se trouve ralentie (Figure 3). La terminaison devient alors de plus en plus lente (une diminution de la valeur de k_t), alors que la propagation, bien que défavorisée, reste moins affectée. En effet, la terminaison implique deux chaînes macromoléculaires alors que la propagation implique une chaîne et une petite molécule. En conclusion, (k_p / k_t ½) augmente car kt diminue fortement, donc Rp augmente (voir équation (4.3)).

Cet effet apparaît pour les polymérisations réalisées à fortes concentrations en monomère et avec en parallèle de fortes augmentations de la viscosité et de l'exothermie. Ce phénomène on le nomme ***effet Trommsdorff*** (ou ***effet de gel*** ou ***effet Norrish-Smith***) [26,27].

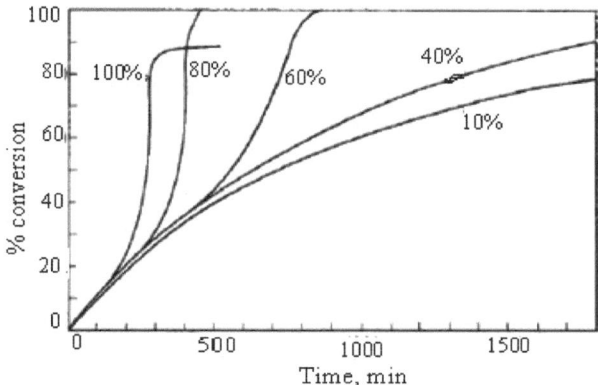

Figure 3 : **Effet de gel lors de la polymérisation radicalaire du méthacrylate de méthyle amorcée par le peroxyde de benzoyle en solution dans le benzène à 50°C. Les différentes courbes représentent des concentrations différentes en monomère dans le solvant [26].**

Cet effet de gel ne doit pas être confondu avec l'auto accélération que l'on observerait si la polymérisation était réalisée dans des conditions *non isothermes* due à l'augmentation de la température générée par la forte exothermicité de la réaction [26]. On peut également noter que l'effet Trommsdorff génère une augmentation des masses molaires moyennes. De plus, la distribution des masses molaires devient plus large.

L'augmentation de concentration en polymère, et par conséquent de la viscosité du milieu, peut conduire au deux points, qui se résument comme suit [27]:

✓ A la transition vitreuse, la solution devient pratiquement solide, et la vitesse de propagation chute considérablement car les petites molécules, comme le monomère, ne peuvent plus diffuser dans la masse du polymère (effet de vitrification). L'effet de Tromsdorff est « étouffé », et la réaction s'arrête avant la conversion complète du monomère. L'accélération par effet Tromsdorff est toutefois plus fréquente que le ralentissement par la transition vitreuse que l'on cherche généralement à éviter.

✓ A haute conversion, le transfert au polymère devient de plus en plus probable, en particulier en l'absence de solvant.

Il est capital de garder en mémoire que :

> ➤ Les non-idéalités cinétiques peuvent prendre place quel que soit le réacteur.
> ➤ En polymérisation, une « constante » de vitesse est éventuellement variable avec d'autres grandeurs que la température.
> ➤ Si l'un des facteurs : viscosité, paramètres cinétiques, masses molaires moyennes, température et conversion du monomère, est mal estimé ou mal maitrisé, alors la qualité du polymère et le fonctionnement du réacteur ne sont pas ceux escomptés.

En général, il n'existe pas à ce jour de modèle prédictif de l'effet Tromsdorff, mais en revanche, on dispose de corrélations entre les constantes de terminaison et la composition du milieu. Par exemple : pour la polymérisation en masse, la plus simple formule de corrélation a été établie par Blake et Hamielec, 1973, Husain et Hamielec, 1976 [28, 29] :

$$\frac{K_t}{K_{t0}} = \left(\frac{1}{1 - X_M}\right)^n \exp\left[A\left(a_1 X_M + a_2 X_M^2 + a_3 X_M^3\right)\right]$$

où :
a_i Paramètres d'ajustement, fonctions de la température (au moins)

K_t Constante de terminaison [m^3.mol^{-1}.s^{-1}]

K_{t0} Constante de terminaison en l'absence d'effet Tromsdorff [m^3.mol^{-1}.s^{-1}]

X_M La conversion du monomère (%)

n, A   des constantes

D'autres corrélations ont été utilisées par Marten et Hamielec (1979, 1982), Ross et Laurence (1976), et Schmidt et Ray (1981) dans [30-33].

Références

[1] M. Gomberg, "An incidence of trivalent carbon trimethylphenyl", J. Am. Chem. Soc. 22, (**1900**) 757-771.

[2] S. Zard, "Radicals Reactions in Organic Synthesis", Oxford University Press, **2003**.

[3] P. Renaud, "Radicals in Organic Synthesis", Sibi, M. P. Eds., Wiley-VCH, Vol.1 et 2, **2001**.

[4] J. Fossey, D. Lefort, J. Sorba, « Les radicaux libres en chimie organique », Masson : Paris **1993**.

[5] W. B. Motherwell, D. Crich, "Free Radical Chain Reactions in Organic Synthesis", Academic Press: London, **1991**.

[6] D.P. Curran, "in Comprehensive Organic Synthesis", Vol. 4, Semmelhack, M.F., Trost, B.M., Eds. ; Pergamon Press : Oxford, (**1991**) 715.

[7] B. Giese, "Radicals in Organic Synthesis: Formation of carbon- Carbon bonds", Pergamon Press : Oxford, **1986**.

[8] Carine Rosenfeld, « Les systèmes micro fluidiques : de nouveaux outils en génie de la polymérisation. Application à la synthèse de polymères et copolymères à blocs », thèse de doctorat de l'Université Louis Pasteur – Strasbourg 1, **2007**.

[9] F.W.Billmeyer, JR., "Textbook of polymer Science", 2nd Ed., Wiley-Interscience, New York, **1962, 1971**, by John Wiley and Sons, Inc.

[10] A. D. Jenkins,Polymer science, A Materials Science Handbook, Ed., North Holland Publishing Company, Amsterdam and London; American Elsevier Publishing Company, New York, 2 volumes, 1822 pages, **1972**,

[11] P.J. Flory,"Principles of Polymer Chemistry", Cornell University Press, Ithaca, New York, **1953**.

[12] F. Tudos,"Kinetics and Mechanism of polyreactions", akadémai, kiado, Budapest, **1971**.

[13] G. C. EASTMOND, "in comprehensive Chemical Kinetics", vol.14: A, P. 28, "Free- Radical Polymerization", Elsevier, Amsterdam, **1976**.

[14] J.P. Mercier et E. Marechal," Traités des Matériaux, 13. Chimie des Polymères, - Synthèse, Réactions, Dégradations- ", Lausanne Suisse, **1993**.

[15] G. CHAMPETIER, « Chimie Macromoléculaire », vol.1, Hermann, Paris, **1970**.

[16] J.P. Mercier, « Polymérisation des Monomères Vinyliques, Procédés et Matériaux Nouveaux », Presses Polytechniques Romandes, **1983**.

[17] S.L. Rosen, « Fundamental Principles of Polymeric Materials », 2nd Ed.,Wiley Interscience, **1993**.

[18] G. Odian, "Principles of Polymerization", 4nd Ed.; Wiley : New York, **2004,** P.206

[19] H.P. Waits, G.S. Hammond, J. Am. Chem. Soc., 86, (**1964**) P.1911.

[20] Frank R. Mayo, " Contributions of Vinyl Polymerization to Organic Chemistry", J. Chem. Educ. 36, (**1959**) 15-160.

[21] Fred W. Billmeyer, JR., " Textbook of Polymer Science ", 2nd Ed., Interscience Div., John Wiley and Sons, New York, **1971.**

[22] S. Nozakura, Y. Morishima et S. Murahashi : J. Polym.Sci. : Polym. Chem., Ed.10, 2781; 2853, **1972.**

[23] H.G. Elias, "Macromolécules, Synthesis, Materials, and technology", 2nd Ed., Wiley, New York, Vol.2 (**1977**) P. 726

[24] J.C. Bevington, H.W. Melville, R.P. Taylor; "The termination reaction in radical polymerizations. Polymerizations of methyl methacrylate and styrene at 25°± ", J. of Polym. Sci., Vol.12 (**1954**) P.479, Wiley.

[25] S.L. Rosen, "Fundamental Principles of Polymeric Materials", 2nd Ed., Wiley Interscience, **1993.**

[26] G. V. Schulz, G. Haborth, "The mechanism of the explosive polymerization of methyl methacrylate", *Makromol. Chem.,* Vol.1 (**1948**) 106-139.

[27] G. Odian, « *La polymérisation, Principes et applications* », Polytechnica, 3ème édition, **1994,** 314-319

[28] S. T. Balke, A. E. Hamielec, "Bulk polymerization of methyl methacrylate", J. Appl. Polym. Sci., 17 (**1973**) 905-945.

[29] A. Husain, A.E Hamielec, "Bulk Thermal Polymerization of Styrene in a Tubular Reactor – a Computer Study", AIChE Symp. Ser., Vol.72, N°.160 (**1976**) 112-127.

[30] F. L. Marten, A.E Hamielec,"High conversion diffusion controlled polymerization", ACS Symp. Ser., Vol.43, N°.104 (**1979**).

[31] F. L. Marten, A.E Hamielec, "High-conversion diffusion-controlled polymerization of styrene, Part 1", J. Appl. Polym. Sci., Vol.2, N°.27 (**1982**) 489-505.

[32] R. T. Ross, R. L. Laurence, "Gel effect and free volume in the bulk polymerization of Methyl Methacrylate,"AIChE Symp. Ser., N°.160 (72), 74, **1976.**

[33] A. D. Schmidt, W. H. Ray, "The Dynamic Behaviour of Continuous Polymerization Reactors-I", Chem. Eng. Sci., 36 (**1981**) 1401-1410.

33

I- Présentation :

Les polymères sont des macromolécules de poids moléculaire très élevé, communément appelés matières plastiques. Essentiellement ce sont des matériaux organiques (le plus souvent) de synthèse à base de carbone, d'hydrogène et d'autres éléments non métalliques. Ils sont constitués d'enchaînements covalent d'un très grand nombre d'unités fondamentales structurales répétitives qui dérivent d'un ou de plusieurs monomères identiques ou différents. Les monomères reliés les uns aux autres par le biais de liaisons chimiques covalentes constituent les éléments de base de tout polymère. Le nombre moyen de ces monomères de base (unités) dans les molécules finales (polymères) est le degré de polymérisation (DP). Si ce degré de polymérisation est élevé, on parle de hauts polymères ; lorsqu'il est faible le composé est un oligomère.

Beaucoup de matières plastiques que nous connaissons (PE, PP, PVC, ...) n'ont été produites industriellement qu'après 1930, à partir de pétrole. Leurs applications sont très diversifiées comme nous pouvons le constater dans notre vie quotidienne (emballage, équipements sportifs, etc.).

Le polymère est formé par polymérisation et il peut se présenter sous forme liquide ou solide à température ambiante. Il peut être fabriqué (ou synthétisé) à partir d'un seul type de monomère (on parle alors *d'homopolymère*, comme par exemple le polyéthylène –PE-) ; ou bien à partir de plusieurs types de monomères (on parle alors de *copolymère* ; comme par exemple (le polystyrène-Co-poly méthacrylate de méthyle).

A titre d'exemple, considérons un polymère très simple par sa structure chimique : le polyéthylène (PE), qui est probablement le polymère que nous voyons le plus souvent tous les jours dans l'emballage alimentaire. Il est synthétisé en très grande quantité et utilisé par exemple dans la fabrication des bouteilles, articles ménagers et de jouets en plastique. Le polyéthylène est obtenu dans des conditions expérimentales appropriées à partir de molécules d'éthylène, comprenant quatre atomes d'hydrogène et deux atomes de carbone unis par double liaison chimique $CH_2 = CH_2$.

II- Définition et propriété du polyéthylène (PE) :

Le polyéthylène est un polymère thermoplastique, transparent, inerte, facile à manier et résistant au froid. Il appartient à la famille des polyoléfines et son nom vient du fait qu'il est obtenu par polymérisation des monomères d'éthylène ($CH_2 = CH_2$) en une structure de formule générique : ($-CH_2 - CH_2-)_n$. Ce polymère (PE) est la seule polyoléfine qui puisse être préparée par voie radicalaire.

$$CH_2 = CH_2 \xrightarrow{\text{Polymérisation}} (-CH_2 - CH_2 -)_n$$

(monomère d'éthylène)　　　　　　　　(polyéthylène)

Au cours de cette réaction, nous constatons que la double liaison est en fait utilisée pour former les liens covalents entre les molécules et donner ainsi naissance au polymère.

Le PE est le plastique le plus employé et le plus répandu dans le monde. C'est la polyoléfine la plus anciennement préparée industriellement, il possède une excellente résistance aux agents chimiques et aux chocs et, il constitue notamment la moitié des emballages plastiques.

Suivant le procédé de polymérisation, la densité et la cristallinité d'un « polyéthylène » dépendent essentiellement de l'incorporation d'une α-oléfine comonomère. Celle ci introduit des chaines latérales courtes dans la macromolécule. Plus ces chaines sont nombreuses ou longues, moins les macromolécules peuvent s'organiser, et plus la densité et la cristallinité sont faibles. Plus la cristallinité est élevée, plus la résistance mécanique est grande, et plus l'élasticité est faible.

Les polyéthylènes peuvent être classés en fonction de leur densité qui dépend du nombre et de la longueur des ramifications présentes dans le matériau sur les chaînes moléculaires en plusieurs familles. On cite principalement le polyéthylène basse densité (PEBD) qui, est obtenu par polymérisation radicalaire homogène sous (très) haute pression. Sa densité est comprise entre 0,92 et 0,94 g/cm^3. La chaine polymérique principale possède des chaines latérales, comportant de 2 à 8 carbones. Ces branchements courts proviennent d'un transfert interne du centre actif depuis l'extrémité de chaine principale vers un carbone interne au macro radical. Ce transfert contribue aussi à un étalement de la distribution des masses molaires.

Ce polymère (PEBD) a été découvert en 1936 par l'ingénieur anglais E. W. Fawcett, où le procédé employé utilisait des hautes pressions 140 MPa à 170 °C en présence des traces d'oxygène [1]. En effet, ces procédés haute pression sont caractérisés par un milieu réactionnel constitué d'une solution de polymère et de monomère. Le polymère obtenu, séparé par détentes successives, est finalement repris à l'état fondu par une extrudeuse, puis transformé en granulés.

Les principales applications du PEBD, sont des produits souples : serres agricoles, sachets, sacs poubelles, récipients souples, jouets, etc. Le développement industriel s'accélère chaque année, jusqu'au 1992 où la capacité mondiale en PEBD à peu évolué depuis et elle approchait les 17 millions de tonnes [2].

III- Les méthodes de synthèse des polymères :

III.1- Introduction :

Ce chapitre à pour objectif de présenter brièvement les bases théoriques des réactions de synthèses des polymères et leurs techniques de polymérisation, qui peuvent être classés traditionnellement, selon le comportement cinétique et le mécanisme de réaction qui conduit à la formation du composé macromoléculaire, en deux types principaux de réactions qui se différencient par leur cinétique réactionnelle.

a//- les polymérisations par étape ou *polycondensations* : La polycondensation se distingue des réactions de polymérisation en chaîne par le fait qu'elle ne nécessite pas de réaction d'amorçage. C'est une procédure qui se comporte comme de simples réactions équilibrées entre des espèces réactives comportant des groupements fonctionnels réagissent entre elles de manière aléatoire, par simple chauffage ou en présence d'un catalyseur convenable. Ce type de polymérisation est analogue à une succession de réactions chimiques organiques avec élimination simultanée d'atomes ou de groupes d'atomes (élimination d'un sous produit, l'eau en général). En effet, ces réactions sont plus lentes que celles par addition, conduisant à des polymères réticulés tridimensionnels. C'est moins de 10% en poids de la production mondiale des matières plastiques sont synthétisé par polycondensation. Les polyesters, les polyamides et certains polyuréthanes, phénoplastes, aminoplastes etc. sont des exemples typiques de polymères obtenus par polycondensation.

L'exemple type de cette polymérisation est la formation (synthèse directe) du polyamide 66 (Nylon 66) par réaction d'amidification entre l'acide héxanedioique (acide adipique) et l'hexaméthylène diamine, donne un polymère de masse moyenne inférieure à 10 000 g.mole^{-1} à cause d'une maitrise difficile de la stœchiométrie. Les deux groupements fonctionnels sont des groupements acide et amine :

n HOOC (CH$_2$)$_4$ COOH + nH$_2$N (-CH$_2$-)$_6$ -NH$_2$ →

[-OC (-CH$_2$)$_4$ –CONH-(-CH$_2$-)$_6$ –NH-] + 2n H$_2$O

b//- les polymérisations en chaîne ou ***polyaddition*** : c'est une procédure par laquelle une molécule monomère **M** est additionnée sur un centre actif initial unique permet la formation d'une chaîne polymère sans réaction d'élimination simultanée. C'est plus de 90% en poids de la production mondiale des matières plastiques, qui est de 180 *10^6 tonnes/an, sont synthétisé par la polymérisation en chaîne.

Comme toute réaction en chaîne, cette polymérisation comporte les étapes suivantes : ***l'amorçage*** (formation des centres actifs à partir du monomère) ; ***la propagation*** (croissance des chaînes de polymère par additions successives de molécules de monomères sur une extrémité active ou activée conduisant à l'allongement de la chaine macromoléculaire) ; ***la terminaison*** (désactivation de l'espèce ou de l'extrémité active et interruption de la croissance des chaînes). Ces étapes ne se déroulent pas les unes à la suite des autres dans le temps mais on assiste à un mélange d'étapes. Ces réactions interviennent dans la production de la majorité des polymères vinyliques, comme les polyoléfines (PE, PP, polybutadiène), le PS, le PMMA, le PVC, le poly acétate de vinyle et le polyacrylonitrile. Des équations cinétiques ont été mise en place pour décrire la polymérisation, et en particulier la vitesse de polymérisation.

Pour qu'une polyaddition se développe, il faut la création de centres actifs qui ne préexistent pas dans le monomère et qui sont localisés à l'extrémité du polymère en croissance. Une fois que la formation de cette entité réactive (ou site actif) a eu lieu, il n'y a plus de barrière à la création d'un très grand nombre de liaisons successives. Les réactions qui sont mises en jeu sont des réactions complètement déplacées que nous pouvons qualifier de sans retour.

Selon la nature du centre actif qui provoque l'addition des motifs successifs, on peut classer toute polymérisation en chaîne dans l'un des sous groupes suivants :

➢ électron célibataire : l'entité sera porteuse d'un nombre impair d'électrons. Ce seront les espèces radicalaires qui donnent naissance à la *polymérisation radicalaire*

➢ une charge positive: carbocations ou en général espèces cationiques donnant lieu à une *polymérisation cationique*

➢ une charge négative: carbanions ou espèces anioniques donnant lieu à une

polymérisation anionique.

➢ Il existe aussi un quatrième mécanisme, appelé *polymérisation par coordination* (ou polymérisation stéréospécifique) qui constitue le dernier type des polymérisations en chaine

Dans le premier cas (polymérisation radicalaire qui est la plus courante), le centre actif est un radical libre, tan disque dans les trois derniers cas, l'extrémité active de la macromolécule peut être associée à un contre ion ou bien à un complexe de coordination entre le monomère et un atome de métal de transition.

En générale, c'est à partir du type d'amorçage (centres actifs) utilisés industriellement, qu'on peut connaître le mode de polymérisation. Elle peut être radicalaire, cationique ou anionique selon la nature de l'espèce active.

A//- Amorçage par les peroxydes ou les dérives azoïques (sources des radicaux libres), qui présentent tous deux l'avantage de se rompre dès les basses températures (50°C). Il s'agit de la polymérisation radicalaire, qui nécessite généralement une substance possédant une liaison fragile c'est –a –dire :

Les peroxydes : $RO - OR \longrightarrow 2RO^*$

ou

Les dérivés azoïques : $R-N = N- R \longrightarrow 2R^* + N_2$

Les initiateurs sont très souvent des peroxydes, qui sont des molécules instables parce qu'elles contiennent beaucoup (trop) d'oxygène.

B//- Amorçage par cation H^+ (sources carbocations) ou par anion Y^- (source cabanions) : il s'agit de la polymérisation ionique qui se différentie avec le mode radicalaire uniquement au niveau de la terminaison. En effet les espèces ioniques actives ne réagissent pas entre elles.

B.1- ***mécanisme cationique*** : La polymérisation cationique est un mode de polymérisation où le site actif est chargé positivement (un carbocation), la molécule activée est donc un cation d'où la mise en œuvre d'un mécanisme électrophile (attaque de la liaison multiple par H^+). La seule difficulté de ce mode de polymérisation réside dans l'amorçage.

B.2- ***mécanisme anionique*** : l'espèce active est un anion, le mécanisme réactionnel est du type nucléophile ; attaque nucléophile de l'anion se produit sur le site de faible densité électronique du monomère.

IV- <u>Techniques (Méthodes) de Polymérisation</u> :

Lors d'une polymérisation, l'exo thermicité de la réaction conduit à une réduction de la masse molaire moyenne du polymère, et la viscosité du produit, surtout en polyaddition. Ce sont deux problèmes importants qui nécessitent un mélange régulier assurant une bonne évacuation de la chaleur. Brièvement, quel que soit le type de polymérisation (polymérisation en chaine, polycondensation) la synthèse industrielle des polymères, peut se faire dans des conditions opératoires différentes, et selon le milieu réactionnel, on distingue quatre techniques principales de mise en œuvre des réactions de polymérisation : les polymérisations en masse, en solution ou en milieu dispersé, en suspension et en émulsion. Ces différents procédés, dépendent des caractéristiques du produit désiré et des applications envisagées. Dans notre travail on s'intéresse principalement à la polymérisation en masse.

IV.1- Polymérisation en masse :

C'est la technique industrielle la plus simple sauf qu'elle est difficile à contrôler (milieu visqueux). Ces réactions présentent un risque d'emballement qui peut mener à l'explosion [3]. Cette réaction est effectuée sans solvant ni diluant, avec une faible quantité d'additifs du monomère liquide en polymère dans un milieu réactionnel (le polymère demeure soluble dans son propre monomère), et elle se fait en polyaddition et en polycondensation. Souvent par fusion des réactifs, l'élimination des molécules légères est réalisée par le vide ou le barbotage de gaz inerte en purgeant au moyen de l'azote. Dans ce type de polymérisation, on a une augmentation rapide de la viscosité du milieu réactionnel où il devient difficile d'assurer un mélange par agitation, notamment en fin de réaction, provoquant ainsi des effet de gel ou des emballements thermiques, c'est-à-dire du degré de polymérisation, de la chaleur et consommation du monomère qui s'accompagnent d'une diminution de la mobilité des chaines grâce à l'introduction d'un agent de transfert, ainsi les réactions de terminaison deviennent plus difficiles. Les polymères obtenus sont relativement purs, souvent transparents et peuvent avoir une masse molaire élevée.

Avantages :

✓ Il est mis en œuvre un nombre minimum de substances et il est ainsi possible d'obtenir un polymère d'une grande pureté, d'autant plus que la conversion est élevée, donc ce procédé peut être le plus économique.

✓ Degré de polymérisation élevé et cinétique assez rapide.

✓ Il n'y a pratiquement pas de traitement postérieur suite au réacteur puisqu'il y a un nombre minimum de substances. La situation la plus défavorable proviendrait d'une faible conversion auquel cas il faudrait séparer le monomère du polymère. C'est ce qui s'appelle procédé de séparation sous vide, qui peut s'avérer facile ou difficile selon la nature du monomère.

Inconvénients :

✓ La viscosité du mélange réactionnel va s'accroître rapidement puisqu'un polymère à l'état fondu (gel) va être obtenu a des masses moléculaires élevées, donc il sera difficile d'assurer le mélangeage dans le réacteur, ainsi que d'évacuer les calories dégagées. Il faudra des réacteurs dont le rapport *surface/volume* soit assez grand pour assurer le transfert thermique.

✓ Il sera nécessaire de se contenter de conversions basses compte tenu du problème de viscosité (d'où la situation la plus défavorable). Si des conversions plus élevées sont désirées, il faut continuer la réaction dans des réacteurs extrudeuse (ou tours de polymérisation).

✓ Il est souvent nécessaire de réaliser la polymérisation en étapes séparées dans plusieurs réacteurs placés en série.

En fait, il faut préciser que sont encore distingués :

> ➤ la polymérisation en masse avec agitation,
> ➤ la polymérisation en masse sans agitation.

Dans le dernier cas, il s'agit surtout d'une opération de moulage pour obtenir des polymères résistants. Le procédé de polymérisation *en masse sans agitation* est donc très utilisé pour les réactions de polycondensation comme celles des nylons ou des polyesters ou autres polycondensats de nature résistante. En général, le réacteur se prête bien à l'élimination des sous produits légers. Les temps de réaction sont très longs (plusieurs heures).

Des procédés industriels de polymérisation *en masse avec agitation* sont trouvés dans le cas du styrène et du méthylméthacrylate. Ces polymérisations sont conduites dans des réacteurs à cuve, puis lorsque la polymérisation avance, le sirop visqueux est transféré dans un réacteur genre piston-extrudeur pour assurer l'évacuation de la chaleur. Le polymère fondu est pompé en général à l'aide d'extrudeuses à vis. Il est refroidi et mis sous forme de granules (polystyrène) ou de feuilles (poly(méthacrylate de méthyle).

Malgré les quelques avantages cités, le problème posé par l'augmentation de la viscosité au cours de la polymérisation est fort important, il devient difficile d'assurer un mélange par agitation, notamment en fin de réaction. Ceci est sûr une grosse contrainte pour atteindre des productions importantes.

Références

[1] Fred W. Billmeyer, JR., " Textbook of Polymer Science ", 2nd Ed., Interscience Div.,
John Wiley and Sons, New York, **1971**.

[2] Bernard LEVRESSE, « polyéthylène basse densité », Edit. Technique de
l'ingénieur : (J 6539-1), **1993**, France.

[3] J. Peacock Andrew et R. Allison, CalhounSandlerWolf, Polymer chemistry:
properties And applications, Hanser Verlag, **2006**, 397 p.

Chapitre III

Réacteurs de Polymérisation

I- Généralités

   1// *Les réacteurs fermés (RF)*

   2// *Les réacteurs semi-fermés*

   3// *Les réacteurs ouverts*

      3.1- Les réacteurs agités continus (RAC)

      3.2- Les réacteurs tubulaires

II- Sécurité des réacteurs chimiques

III- Emballement d'un réacteur

   Références

I- Généralités :

On appelle réacteur tout appareillage permettant de réaliser une réaction chimique, c'est-à-dire de transformer des espèces moléculaires en d'autres espèces, avec une bonne homogénéité de la masse réactionnelle du point de vue de la température et du mélange des réactifs. Cet appareil constitue le cœur des unités de fabrications rencontrées dans l'industrie chimiques.

En effet, si nous visitons différents usines réalisant des fabrications chimiques variées, on peut remarquer la variété des formes et des dimensions de ces réacteurs. En fonction des limitations imposées par la sécurité, la thermodynamique ou la cinétique, l'ingénieur-chimiste est chargé de dimensionner le réacteur afin d'optimiser la performance du procédé. Il en ressort que les réacteurs sont de nature très variées, qu'il faut souvent associer plusieurs types de réacteur, que leur choix et leur conduite sont fonction de la qualité du produit désiré, et que leur conception doit tenir compte de la spécificités du milieu, en particulier la viscosité.

Pour le choix de l'opération discontinue ou continue pour un réacteur, une masse moléculaire élevée ne sera pas toujours l'obstacle, car la nature même du polymère formé (sa viscosité propre par exemple), sera un facteur décisif dans le choix. Les réacteurs semi-discontinus sont une alternative intermédiaire car certains produits et/ou réactifs peuvent être extraits au cours du temps, ce qui permet d'améliorer le contrôle de la réaction (exo thermicité) et la qualité des produits (paramètres moléculaires).

La plupart des procédés impliquant des polymérisations, utilisent des réacteurs discontinus quoique le réacteur continu soit envisageable. L'étude détaillée et comparatative de ces réacteurs fait d'ailleurs l'objet du génie chimique des réactions, où il existe des réacteurs de toutes tailles et de toutes formes. Dans les procédés continus, le réacteur est en général construit, en fonction des spécificités de la réaction.

La structure générale des réacteurs est une cuve avec un système de contrôle de température, où il existe différentes configurations pour ce contrôle. Parmi ces configurations, un manteau (jacket) situé tout autour de la cuve où circule le fluide caloporteur (généralement l'eau).

On distingue essentiellement trois types de réacteurs de polymérisation : les réacteurs fermés, les réacteurs semi fermés et les réacteurs ouverts. Faire varier la mise en contact des réactifs peut sérieusement affecter les conditions locales de réaction comme par exemple les concentrations. Le type de réacteur devient alors un outil puissant afin de contrôler les propriétés des polymères synthétisés comme la distribution des masses molaires, la composition des copolymères ou encore le degré de branchement.

Tous les réacteurs doivent répondre aux conditions principales suivantes [1]:

> ➤ assurer un rendement élevé;
> ➤ fournir un taux de transformation le plus grand possible dans les conditions de sélectivité maximale du procédé;
> ➤ consommer une énergie minimale pour le transport et l'agitation des réactifs;
> ➤ être suffisamment simples et peu chers;
> ➤ utiliser au mieux la chaleur des réactions exothermiques et la chaleur amenée de l'extérieur pour les processus endothermiques;
> ➤ avoir un fonctionnement sûr, présenter la mécanisation la plus complète possible et permettre un contrôle automatique du procédé.

1// *Les réacteurs fermés (RF)* :

Il s'agit des réacteurs les plus utilisés dans l'industrie ; la vitesse de polymérisation au sein de ce type de réacteur évolue continûment au cours du temps du fait de la consommation du monomère et de l'amorceur. Ils permettent de préparer des produits différents et se révèlent plus économiques pour la production de faibles quantités. Cependant, ils n'offrent pas la possibilité de garantir la qualité du produit d'un lot à un autre.

Il faut noter qu'en laboratoire, la plupart des polymérisations sont réalisées dans des réacteurs fermés, notamment en ballon ou en tube. Wang et Zhu [2] ont remarqué la présence d'hétérogénéités au sein même de ce type de réacteur fermé. Pour cela, ils ont réalisé des prélèvements à différents endroits du tube lors de la polymérisation radicalaire contrôlée par transfert d'atome du méthacrylate de méthyle.

45

Les résultats montrent que la conversion, les masses molaires et les indices de polymolécularité varient au cours du temps et sont différents suivant l'emplacement du prélèvement.

2// *Les réacteurs semi-fermés* :

Bien que formellement différents, on peut considérer les réacteurs semi-fermés comme des réacteurs fermés, notamment lorsque l'addition ou le soutirage engendre une faible variation du volume. Ces réacteurs trouvent leur intérêt dans la régulation de l'exothermie de la réaction par un ajout continu de monomère et /ou d'amorceur, dans le contrôle des masses molaires par l'adjonction d'un agent de transfert [3-6].

3// *Les réacteurs ouverts* :

3.1- *Les réacteurs agités continus (RAC)* :

Le réacteur agité continu (RAC) n'est employé que dans la production de quelques polymères comme le polyéthylène haute densité (PEHD), le poly (chlorure de vinyle) (PVC) ou le poly (acrylonitrile) (PAN). Dans certains cas, ces réacteurs sont disposés en série pour former une cascade, car généralement un seul réacteur ne peut mener à une conversion complète d'un monomère, on met donc les réacteurs en série [7,8].

La vitesse de polymérisation au sein du réacteur ainsi que les concentrations sont supposées constantes et l'on considère que le mélange est parfait. Pour d'importants tonnages, la production se fait à moindre coût et les produits obtenus sont en général de composition très uniforme en raison de la constance des concentrations.

Néanmoins, il est difficile d'obtenir des taux de conversion élevés car les vitesses de polymérisation y sont faibles et les viscosités deviennent très vite importantes, elles peuvent alors dépasser la limite d'utilisation du réacteur.

Généralement, afin de mesurer l'idéalité d'un réacteur, il existe une technique nommé : *la distribution de temps de séjour* (DTS). Cette technique permet, via la mesure de la concentration d'un traceur à différents endroits du réacteur, de comparer un réacteur avec les modèles proposés et le cas échéant de corriger le modèle pour tenir compte des déviations.

Les RACs sont caractérisés par une distribution des temps de séjour (DTS) qui peut s'avérer plus ou moins large en fonction des volumes morts à l'intérieur du réacteur (Figure 4). Cependant, en polymérisation radicalaire en milieu homogène (masse ou solution), cette DTS n'affecte en rien la distribution des masses molaires (DMM) car le temps de réaction est toujours inférieur au temps de passage dans le réacteur.

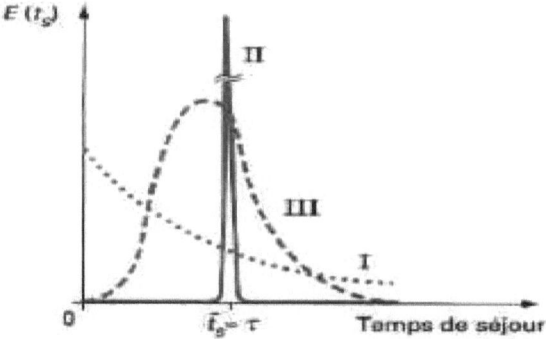

Figure 4 : Distribution des temps de séjour déterminée par impulsion de Dirac pour I : un mélangeur parfait, II : un réacteur piston et III : un réacteur quelconque.

3.2- *Les réacteurs tubulaires* :

Comme son nom l'indique, ce réacteur est constitué dans sa forme élémentaire, d'un tube de grande longueur équipé d'une double enveloppe. À l'intérieur de ce tube circule le mélange réactionnel, dont l'espèce chimique progresse en même temps que son environnement tout au long du tube en se transformant progressivement. On conçoit donc que s'établisse un profil, continu et décroissant, de concentration du réactif considéré entre l'entrée et la sortie du réacteur.

Ce type de réacteur possède un haut rapport *surface/volume* favorable au transfert de chaleur. Le temps de résidence est unique, mais la température et la concentration des monomères baissent avec le temps.

L'échange de chaleur nécessaire soit pour apporter de l'énergie thermique au système, soit pour en éliminer, se fait à travers la paroi du tube. Donc le problème de transfert de chaleur présente des difficultés lorsque la réaction est à la fois rapide et accompagnée

47

d'un effet thermique important. Un exemple de réalisation industrielle pour laquelle la stabilité pose de sérieux problèmes est celui de la polymérisation de l'éthylène à haute pression.

Le réacteur tubulaire n'est utilisable que si le dégagement de chaleur résiduel est modéré. Dans le cas contraire, d'importantes différences radiales de température apparaitraient. Elles seraient responsables de gradients radiaux de vitesse de polymérisation et de viscosité qui altéreraient la qualité du polymère [9,10]. Pour mettre fin au profil radial de vitesse d'écoulement, de température, de concentration, ou de viscosité, il faut employer des technologies « adaptées » dans lesquelles des mobiles et obstacles assurent le mélange radial [11-13].

Parmi les principaux avantages des réacteurs tubulaires sont :

✓ Les polymérisations peuvent être poussées jusqu'à des taux de conversion très élevés.

✓ La qualité du produit varie faiblement.

✓ Le rapport surface sur volume y est important, ce qui est un atout dans le contrôle et la régulation de la température.

✓ Il est possible de programmer la température le long du tube afin d'obtenir des polymères aux propriétés spécifiques.

Malgré ces nombreux atouts, ce type de réacteurs présente quelques défauts. En effet, l'hypothèse d'un écoulement purement piston n'est pas toujours applicable pour des solutions très visqueuses de polymère.

➢ Si le profil des vitesses est *plat*, on a des concentrations uniformes dans chaque tranche de fluide (Schéma 1). Le réacteur peut alors être considéré comme piston qui nécessite un excellent contrôle des flux (le temps de passage pour chaque espèce présente est identique, le mélange radial est considéré comme parfait, haute performance).

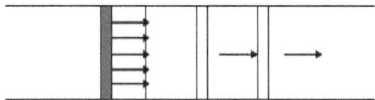

Schéma 1 : Profil des vitesses plat.

➢ Dans le cas contraire, si le profil des vitesses est ***parabolique***, le mélange des tranches de fluide génère la présence de gradients de concentration dans la tranche fixe (Schéma 2). Le réacteur s'écarte de l'idéalité et ne peut plus être considéré comme piston.

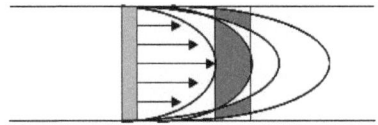

Schéma 2 : Profil des vitesses parabolique.

Par conséquent, si le profil des vitesses n'est pas plat, la solution de polymère s'écoule plus lentement à la paroi; le temps de séjour y est alors plus élevé (la distribution des temps de séjour s'élargit); le taux de conversion et la viscosité sont donc plus grands. De plus, la solution peut être fortement ralentie et il peut y avoir un risque de bouchage du tube.

Différents types de polymérisation peuvent être conduites dans ces réacteurs telles que les polymérisations anioniques en solution [14], les polymérisations radicalaires en émulsion [15] etc.

Au niveau industriel, le polyéthylène basse densité (PEBD) est par exemple produit en réacteur tubulaire (Schéma 3) dans un tube de 30 à 60 mm de diamètre et jusqu'à 1500 m de long, sous 1000 à 3000 bars et des températures de 100 à 300 C°. Le taux de conversion est d'environ 25 à 40%.

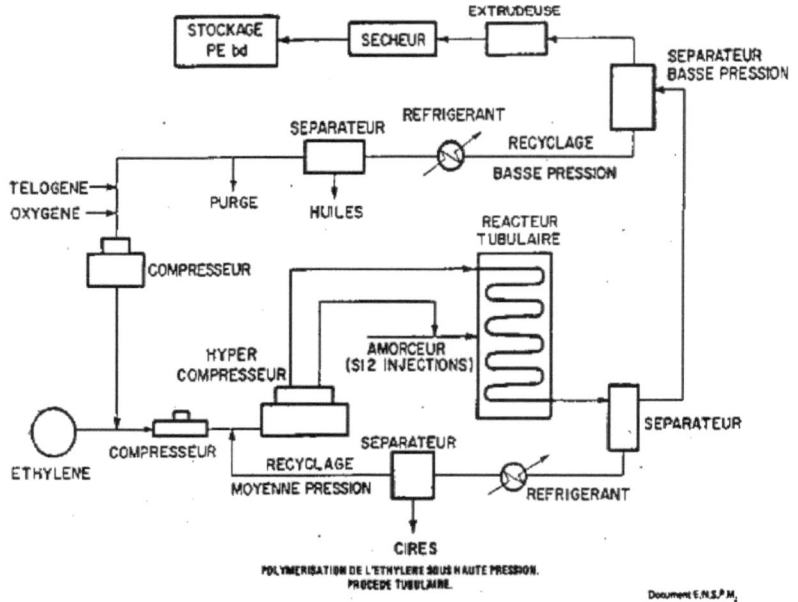

Schéma 3 : procédé de polymérisation de l'éthylène sous haute pression

en réacteur tubulaire [16]

II- Sécurité des réacteurs chimiques :

La réaction chimique, en vertu des énergies considérables qu'elle implique, peut mener, si elle est conduite de manière non contrôlée, à des accidents extrêmement graves, comme des explosions, qui peuvent être mortelles. De manière générale, l'accident survient lorsque la chaleur produite par la réaction chimique ne peut plus être intégralement évacuée par le système de refroidissement, ce qui provoque une accumulation d'énergie, sous forme d'augmentation de température et de pression, qui peut mener à l'explosion.

Les problèmes de sécurité liés à l'énergie libérée par les réactions chimiques ne surviennent pas forcément au laboratoire, mais apparaissent plus tard lors du passage à l'échelle industrielle. La sécurité des procédés chimiques, et en particulier celle des réacteurs est de nos jours une préoccupation majeure de cette industrie.

III- **Emballement d'un réacteur** :

L'emballement d'un réacteur survient lorsque son système de refroidissement ne parvient plus à évacuer la chaleur produite par la réaction chimique. La température augmente, alors cette augmentation non contrôlée, provoque une accélération de la réaction, qui à son tour, augmente la puissance thermique de la réaction. Dans la mesure où cette dernière augmente exponentiellement avec la température, tandis que la puissance de refroidissement n'augmente que linéairement, la température du milieu réactionnel va croître de plus en plus rapidement : et c'est l'emballement de la réaction qui peut mener à des situations extrêmement graves.

Ce phénomène d'emballement est un problème qui concerne principalement les réacteurs fermés et tubulaires, puisqu'ils contiennent au début de la réaction une quantité énorme d'énergie sous forme de réactifs. Les réacteurs continus de type cuve agitée, ainsi que les réacteurs semi-ouverts, ne sont concernés par ce point que dans une moindre mesure, car les réactifs ne sont généralement présents qu'en faibles concentrations résiduelles au sein de la cuve.

Le principal danger d'un emballement de température est l'amorçage, notamment des réactions de décompositions des réactifs ou des produits. Ce type de réactions est très exothermique, c'est-à-dire qu'il produit une très grande chaleur. De plus, les réactions de décompositions produisent en grande partie des gaz. Ces gaz sont dangereux pour deux raisons :

1. La première consiste en une augmentation de la pression dans le réacteur, augmentation qui peut conduire à l'explosion du réacteur.
2. La deuxième raison de la dangerosité des gaz est leur possible d'inflammation, notamment si la surpression dans le réacteur a conduit à un dégagement via une rupture dans l'étanchéité du réacteur.

Références

[1] I. Moukhlenov, "Principes de la technologie chimique" E. M., Moscou (**1986**).

[2] A. R. Wang, S. Zhu, "Heterogeneity features of bulk atom transfer radical polymerization of methyl methacrylate in ampoule reactor", *Macromol. Rapid Commun.* **2004**, *25*, 925-929.

[3] J. Nicolas, B. Charleux, S. Magnet, *J. Polym. Sci. Part A: Polym. Chem.* **2006**, *44*, 4142-4153.

[4] Y. Wang, R. A. Hutchinson, M. F. Cunningham, A Semi-Batch Process for Nitroxide Mediated Radical Polymerization*Macromol. Mater. Eng.* **2005**, *290*, 230–241.

[5] K. Karaky, E. Péré, C. Pouchan, H. Garay, A. Khoukh, J. François, J. Desbrières, L. Billon, "Gradient or statistical copolymers by batch nitroxide mediated polymerization: effect of styrene/methyl acrylate feed", *New J. Chem.* **2006**, *30*, 698 - 705.

[6] K. Karaky, E. Péré, C. Pouchan, J. Desbrières, C. Dérail, L. Billon, « Effect of the synthetic methodology on molecular architecture: from statistical to gradient copolymers", Soft Matter **2006** , 2 (9), 770-778.

[7] W. W. Smulders, C. W. Jones, F. J. Schork,"Synthesis of Block Copolymers Using RAFT Miniemulsion Polymerization in a Train of CSTRs", Macromolecules,37 (2004) 9345-9354.

[8] W. W. Smulders, C. W. Jones, F. J. Schork, AIChE J., 51(**2005**) 1009-1021.

[9] R. H. M. Simon, D. C. Chappelear,"Polymerization reactions and processes", ACS Symp. Ser., 104, 71, **1979**.

[10] J. W. Hamer, W. H. Ray, Chem. Eng. Sci., 41, Partie I: 3083, Partie II: 3095, **1986**.

[11] D. McDonald, K. Coulter, J. L. McCurdy, US Pat. 2727884, **1955**.

[12] N. Matsubara, N. Ito, Y. Ishida, M. Iwamoto, T. Maeda, US Pat. 4460278, **1984**.

[13] T. Shimada, H. Ogasawara, H. Mori, S. Omoto, K. Kobayashi, US Pat. 5145255, **1992.**

[14] D. M. Kim, E. B. Nauman, Ind. Eng. Chem. Res., 38(**1999**) 1856-1862.

[15] S. Poormahdian, P. Bataille, J. Appl. Polym. Sci., 75(**2000**) 833–842.

[16] Carine Rosenfeld, Thèse de doctorat, Université de Louis Pasteur, **2007**

Chapitre IV

Modélisation et Simulation

I- Généralités

    I.1- Notion de modèle

II- Techniques de simulation et d'optimisation

III- Formulation du modèle mathématique

    III.1- Lois fondamentales du transfert moléculaire

      III.1.1- Transfert de masse, Coefficient de diffusion

      III.1.2-Transfert de chaleur, conductivité thermique

      III.1.3- Coefficient de transfert thermique

        1// Définition

        2// Coefficient de transfert de chaleur globale

    III.2- Modèles de réacteurs

    III.3- Description des modèles

      III.3.1-Comparaison entre les modèles mono et

        bidimensionnels

    III.4-- Modélisation

    Références

I- Généralités :

La simulation est une technique d'identification qui consiste à construire un modèle d'un système réel c'est-à-dire expérimentation indirecte sur un modèle et non sur le système lui-même. En effet, les théoriciens établiront des modèles destinés à expliquer le comportement des systèmes puis simule leurs fonctionnements à l'aide d'un ordinateur pour représenter artificiellement son fonctionnement réel.

La modélisation et la simulation des réacteurs de polymérisation occupent une place très importante dans la recherche scientifique, car dans de nombreux cas l'expérience est irréalisable ou trop chère, donc on fait recours à la technique de simulation qui permettra de déduire les résultats. En d'autres termes, la simulation est une méthode pour étudier le comportement d'un système (réacteur) à l'aide d'un modèle, qui est une représentation abstraite du système [1].

Beaucoup d'auteurs associent le terme de simulation, qui est un outil de travail utilisé par le chercheur, à une technique de résolution de problème. Ce genre de simulation peut être réalisé à l'aide d'un *programme* contenant des données spécifiques au problème, des calculs de propriété physiques, des modèles de réacteur et des techniques de résolution numérique.

Les objectifs principaux d'un *programme* de simulation se résument comme suit :

- ✓ Résoudre des équations de bilan de matière et d'énergie c'est-à-dire, l'intégration des modèles mathématiques ;

- ✓ Calculer et estimer les valeurs de la température, la pression…. etc ; en tout point de réacteur ;

- ✓ Déterminer et optimiser les éléments nécessaires au calcul de l'ensemble des variables de fonctionnement du système physique.

I.1- Notion de modèle :

La notion de modèle n'est pas récente en science. Ainsi on appelle modèle mathématique l'ensemble des relations qui décrivent le comportement de l'appareil. Le modèle ne teint pas compte de tous les paramètres; mais il se limite à ceux indispensables à la résolution du problème.

Un modèle est la représentation d'une certaine réalité, il doit être adéquat au processus à simuler en lui offrant une description qualitative et quantitative ; il est présenté sous forme mathématique et peut être soit :

> *__numérique__* : où le modèle correspond à un algorithme de calcul.

> ou *__analytique__* : où le modèle est un ensemble d'équation liant entre elles différentes variables mesurables.

Le rôle des modèles de simulation et d'optimisation est de déduire le comportement d'un système dans des situations non encore observées et, aussi, de fournir les valeurs optimales des variables de commande en regard de certains objectifs compte tenu des variables d'entrée [2, 3].

II- __Techniques de simulation et d'optimisation :__

Etudier un tel système c'est généralement chercher à prévoir son comportement. C'est-à-dire quel sera l'état ou, l'évolution des grandeurs de sortie en réponse à une valeur ou une variation des grandeurs d'entrée. Pour se faire, il est intéressant de synthétiser un modèle dont le comportement est analogue a celui du système étudie. C'est-à-dire reproduisant les mêmes relations entre ses grandeurs d'entrée et ses grandeurs de sortie [4].

L'étude d'un système à l'aide d'un modèle de simulation se fait selon l'ordre suivant [2] :

1- formulation d'hypothèses de travail ;

2- observation du système et recueil de données qualitatives et quantitatives ;

3- mise au point d'un modèle formel ;

4- développement des méthodes mathématiques (numériques) de la solution des équations du modèle;

5- réalisation des méthodes numériques à l'aide de l'ordinateur ;

6- analyses des résultats.

Deux critères sont à considérer pour l'optimisation au cours de la simulation [5] :

- *critère technologique* : maximum de production par unité de volume de l'appareil

- *critère économique* : coût minimal du produit pour une productivité donnée.

en tenant compte du critère d'optimisation choisi, on désigne la fonction objective.

Généralement pour optimiser le processus d'une réaction chimique (exemple d'une réaction de polymérisation) il faut prendre en considération les variables suivantes tirées à partir des expériences :

1- la composition du mélange à l'entrée du réacteur ;

2- le type d'amorceur ;

3- la température du mélange à l'entrée ;

4- la répartition de la température dans le réacteur ;

5- la pression à la sortie du réacteur ;

6- la vitesse massique du mélange réactionnel ;

7- les dimensions totales du réacteur.

En conclusion, les modèles et les simulations constituent à l'heure actuelle des outils puissants et performants. L'amélioration continue des techniques et des matériels informatiques accroissent encore leurs potentialités.

III- <u>Formulation du modèle mathématique</u> :

La modélisation et la simulation des réacteurs de polymérisation occupent une place très importante dans la recherche scientifique. Les théoriciens établiront des modèles destinés à expliquer le comportement des réacteurs puis simule leurs fonctionnements.

En effet dans notre travail, nous n'envisagerons que la formulation des bilans d'énergie dans les réacteurs chimiques en liaison avec les bilans de matière, tandis que le bilan de quantité de mouvement intervient particulièrement pour déterminer la chute de pression à la traversée du réacteur, qui est liée à l'hydrodynamique du mélange réactionnel. Il est en général moins couplé avec les bilans de matière et d'énergie. Donc il peut être résolu d'une manière relativement indépendante. [6].

Les équations caractéristiques (modèles) des réacteurs chimiques expriment et traduisent la conservation de la matière ou de l'énergie. Notamment la prévision de l'avancement de la réaction nécessite la connaissance des variables d'état physiques : température, pression….etc c'est-à-dire la résolution simultanée des deux bilans : matières et énergie. Pour cela, avant d'établir les modèles qui renferment les grandeurs caractéristiques du réacteur, il faut déterminer les propriétés qui caractérisent au mieux le fonctionnement de l'installation.

III.1 - __Lois fondamentales du transfert moléculaire__ :

III.1.1- __Transfert de masse, Coefficient de diffusion__ :

Soit C_A, la concentration du constituant __A__. __Si__ $\bar{v}$ est la vitesse moyenne, on peut définir le flux convectif de masse J_A comme suit :

$$J_A = C_A \times \bar{v} \qquad (16)$$

Aussi définit-on la vitesse de diffusion qui traduit un déplacement relatif, comme la différence entre la vitesse de ce constituant v_A, et la vitesse moyenne $\bar{v}$. Donc le flux de diffusion sera par la définition relié au gradient de concentration, par la loi de __Fick__

$$J_{A,Diff} = -D_A \cdot \frac{dC_A}{dZ} \qquad (17)$$

de ce qui précède, le flux total de __A__ est la somme d'un flux de diffusion et d'un flux de convection [7].

$$j_A = J_{A,Diff} + \bar{v} \cdot C_A \qquad (18)$$

$$j_A = \bar{v} \cdot C_A - D_A \cdot \frac{dC_A}{dZ} \qquad (19)$$

III.1.2-Transfert de chaleur, conductivité thermique :

Un fluide stagnant, où la température n'est pas uniforme, est le siège d'un flux de chaleur tendant à rétablir, par le jeu des chocs moléculaires, l'uniformité de température, il est relié au gradient de température par la loi de **Fourier** [7].

$$J_T = -\lambda_{eff} \cdot \frac{dT}{dZ} \qquad (20)$$

La conductivité thermique effective λ_{eff} est une propriété importante d'une substance solide homogène qui conduirait la chaleur de la même manière que la couche du catalyseur avec le gaz en circulation [8-11]. Elle détermine souvent l'aptitude d'un matériau en vue d'une application thermique déterminée, tout au moins en régime stationnaire et dépend de [12] :

- ✓ la nature chimique de matériau ;

- ✓ la nature de phase considérée (solide, liquide, gazeuse) ;

- ✓ la température etc.......

On peut exprimer λ_{eff} par : [11, 13]

$$\lambda_{eff} = \lambda_{eff}^{\circ} + A \cdot f(R_e, P_r, P_e) \qquad (21)$$

Cette conductivité est parfois calculée à l'aide des différents paramètres statiques et dynamiques [11, 13-15] qui contribuent au transfert de chaleur à l'intérieur de la couche du catalyseur et parmi lesquels nous pouvons négliger le transfert de chaleur à travers le gaz et les particules du catalyseur, pour les valeurs élevées du nombre de **Reynolds (Re).** On peut dire que, jusqu' à 300°C, la contribution du transfert de chaleur par rayonnement est négligeable [15].

1// Facteurs statiques :

- ✓ transfert de chaleur, entre les grains de catalyseur, par rayonnement ;

- ✓ transfert de chaleur aux points de contact entre les différents grains ;

✓ transfert de chaleur à l'intérieur de chaque grain de catalyseur ;

✓ transfert de chaleur dans le gaz, entre les grains du catalyseur.

2// *Facteurs dynamique* :

✓ transfert de chaleur par agitation des gaz ;

✓ transfert de chaleur de la surface des grains vers le courant de gaz.

Dans les réacteurs industriels [15, 16], le mélange traverse, généralement, si rapidement la couche du catalyseur, que ce sont les facteurs dynamiques qui prédomine. Ces facteurs sont dus à la turbulence des courants des gaz et c'est pourquoi la vitesse de transfert de chaleur, assurée par les facteurs dynamiques, dépend des conditions hydrodynamiques.

Les facteurs statiques n'influent que dans le cas de réacteurs de laboratoire, dans lesquels le mélange circule lentement.

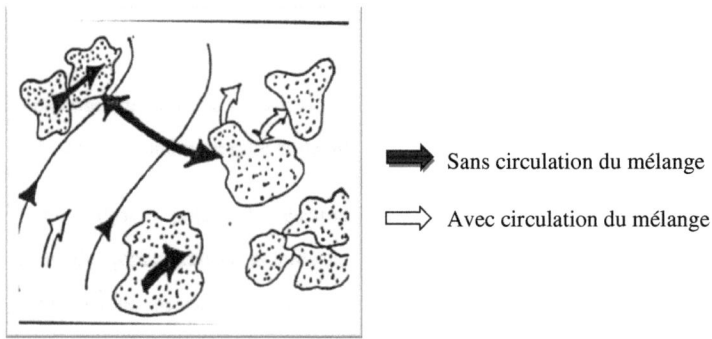

Sans circulation du mélange

Avec circulation du mélange

Passage de la chaleur à travers la couche du catalyseur

Quel que soit le mode de transmission, l'étude des transferts est basée sur la notion de flux de chaleur (qui est la quantité de chaleur transmise par unité de temps).

Le flux de chaleur, exprimé par la loi de **Fourier**, est un flux de conduction ; tandis que dans un fluide en mouvement, il s'y ajoute un flux de convection qui est le flux d'enthalpie transportée par le mouvement du fluide. Le flux total de chaleur s'écrira comme suit [7] :

$$J_T = \rho \cdot C_p \cdot \upsilon \cdot T - \lambda_{eff} \cdot \frac{dT}{dZ} \qquad (22)$$

III.1.3- Coefficient de transfert thermique :

1// Définition :

Le coefficient de transfert thermique est un flux de chaleur au travers d'une surface d'échange. Il permet de calculer l'intensité de l'énergie échangée par unité de surface et unité de temps en fonction de la différence de température de part et d'autre de la surface d'échange. C'est un terme important dans l'équation d'un transfert thermique et permet d'indiquer la facilité avec laquelle l'énergie thermique passe au travers de la surface d'échange.

Mathématiquement on le définit de la manière suivante :

$$\alpha = \frac{\Delta Q}{A \bullet \Delta T \bullet \Delta t} \qquad (23)$$

avec :

- ΔQ - énergie transférée
- α - coefficient de transfert de chaleur
- **A** - surface d'échange
- ΔT - différence de température de part et d'autre de la surface d'échange
- Δt - intervalle de temps

Dans le système SI, les unités de ce coefficient α sont **w. m⁻² .k⁻¹** . L'inverse du coefficient de transfert thermique correspond à la résistance thermique.

2// Coefficient de transfert de chaleur global :

Dans le cas d'une interface complexe composée de plusieurs surfaces d'échange placées en parallèle, il est possible d'additionner les coefficients pour obtenir le coefficient de transfert de chaleur global à la paroi, U, de part et d'autre de l'interface. Ceci est particulièrement utilisé dans les échangeurs de chaleur où l'on trouve deux interfaces et une résistance due à la paroi R_p qui sépare les deux faces. L'addition se calcule en prenant la somme des inverses des différents coefficients avec les différentes résistances (en supposant que le flux est unidirectionnel).

La prédiction du coefficient de transfert de chaleur global à la paroi U constitue une étape importante dans le calcul des réacteurs. En effet la connaissance de la quantité de chaleur qui peut être évacuée du réacteur est primordiale, afin d'éviter les points chauds qui correspond à des maximums de la température, et qui sont la cause principale d'un brutal emballement thermique du réacteur pouvant conduire à sa destruction.

Le coefficient de transfert de chaleur global à la paroi est en général noté U, il exprime la résistance thermique totale de la paroi du réacteur [17] et peut être calculé à l'aide des formules empiriques [15].

Il peut être présenté sous la forme :

$$\frac{1}{U} = \frac{1}{\alpha_1} + R_p + \frac{1}{\alpha_2} \qquad (24)$$

avec :

- U - coefficient de transfert de chaleur global à la paroi
- α_1, α_2 - coefficients de transfert de chaleur locaux

Les coefficients de transfert de chaleur α_1, α_2 sont des fonctions de Re, Pr (Gr), c'est-à-dire qu'ils dépendent des conditions hydrodynamiques et de l'extérieur du réacteur.

Lorsque la paroi est constituée par plusieurs couches d'isolation de la géométrie planaire. La résistance thermique de la paroi, R_p , peut être écrite sous forme :

$$R_p = \sum_{K=1}^{N} \frac{\delta_K}{\lambda_K}$$

avec :

- δ - épaisseur de la paroi
- λ - conductivité thermique de la paroi

Les expressions pour les parois cylindriques ou sphériques peuvent être trouvées dans les références [18-23].

III.2- Modèles de réacteurs :

Pour formuler les modèles mathématiques d'un réacteur catalytique tubulaire à lit fixe de faible diamètre et refroidis de l'extérieur, on considère les points suivants [6] :

> **_L'uniformité de composition et de température_** :

Les modèles "pseudo-homogènes" correspondent aux conditions fe < 0.05, $\varnothing'$s < 0.1, c'est à dire que les résistances externe et interne sont négligeables, autrement dit, on peut supposer que localement C = Ce = Cs et T = Te = Ts. (voir Annexe - AI, P.107) pour définitions de fe et $\varnothing'$s)

> **_La prise en compte des gradients radiaux_** :

Dans les modèles monodimensionnels, la composition et la température sont supposées ne varier que selon l'abscisse axiale Z. Tandis que dans les modèles bidimensionnels, on tient compte de plus des gradients macroscopiques le long de la dimension radiale r.

III.3 - Description des modèles :

Nos modèles ont été développé et réalisé lors d'un travail [24], où on à fait une démonstration mathématique de deux modèles, mono et bidimensionnel basés sur les bilans de matières et de chaleurs, (voir Annexe – AII, P.107) avec des tests d'application sur l'oxydation du SO_2 [24]. Les résultats obtenus ont fait l'objet de plusieurs travaux nationaux et internationaux, et même ils été consultés par plusieurs chercheurs (Ingénieurs, magistère et même des Doctorants).

III.3.1- Comparaison entre les modèles mono et bidimensionnel :

Nous avons trouvé dans la littérature plusieurs études comparatives entre les modèles bi et monodimensionnels [25-28]. Un des exemples les plus marquants est l'étude expérimentale réalisée par Schuler et al. [29] sur un réacteur pilote d'oxydation de dioxyde de soufre. Les résultats ont été analysés par Smith [30], qui a constaté que, l'utilisation d'un modèle bidimensionnel pseudo-homogène donnait des résultats meilleurs que ceux d'un modèle monodimensionnel, l'erreur sur le profil de température et de concentration restait importante. Ces résultats ont été vérifiés ensuite par Almond [31], Richardson [32], Oki et al. [33] et Young [34].

Marek et HIavacek [35,36] ont examiné les conditions pour remplacer le modèle bidimensionnel par un modèle monodimensionnel. Ils ont démontré que la forme des deux profils de température longitudinale est le plus souvent similaire; or l'effet de la distribution de température radiale sur l'accord entre les deux modèles ne peut qu'être seulement estimé.

Dans le modèle bidimensionnel, quand le réacteur fonctionne dans des conditions de basse sensibilité thermique (pas de points d'inflexion sur les profils longitudinal ou axial), le modèle monodimensionnel (approximation de Crider-Foss du transfert de chaleur [37]) est satisfait et on peut s'attendre à un bon accord entre l'approximation monodimensionnel et les valeurs moyennes calculées à partir du modèle bidimensionnel [38],

Généralement à partir de la distribution des profils de température et de concentration des deux modèles (mono et bidimensionnel), on peut dire que si les erreurs El et E2 sont vérifiées, alors le modèle monodimensionnel peut traduire le comportement du réacteur.

avec : $E1 = \left| \theta^{mono} - \overline{\theta} \right| < \varepsilon \approx 0.07$

$E2 = \left| X^{mono} - \overline{X} \right| < \varepsilon \approx 0.03$

Le modèle bidimensionnel donne des résultats précis et exacts, mais il met plus de temps par rapport au monodimensionnel qui est moins précis dans les calculs numériques. Le bidimensionnel correspond à la précision des données cinétiques, pour cela il est plus utilisé en industrie.

Il est très intéressant de comparer les prédictions des modèles mono et bidimensionnels, car on s'aperçoit que les courbes obtenues sont très voisines les unes des autres comme on peut l'observer sur tous les tracés de la température adimensionnelle (θ) figure 5, et les tracés du taux de conversion (x) en fonction de l'axe z du réacteur figure 6.

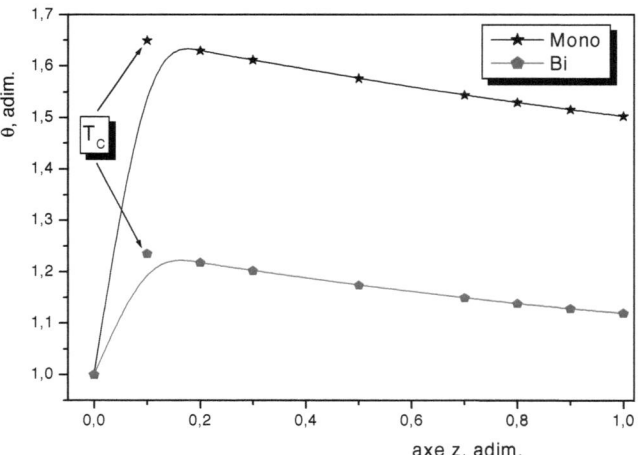

Figure 5 : **Variation de la température le long de l'axe**

z du réacteur (Cas Mono et Bidimensionnel)

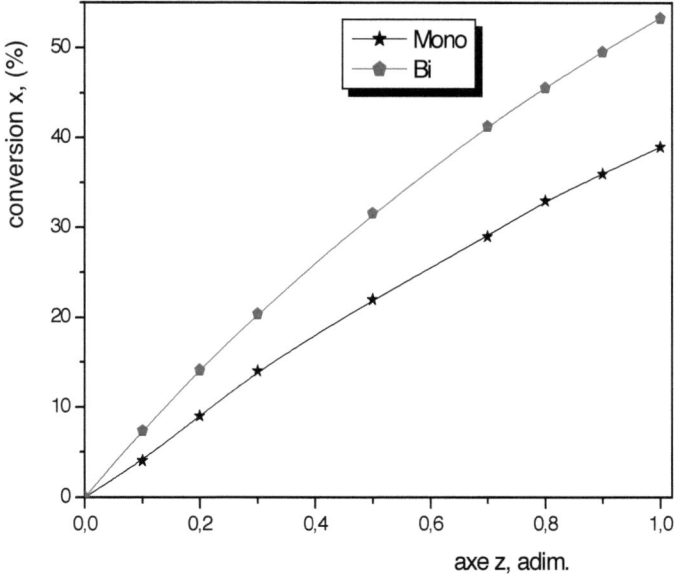

Figure 6 :Variation du taux de conversion le long de l'axe z du réacteur (Cas Mono et Bidimensionnel)

Les profils de température calculés diffèrent du mono au bidimensionnel. Une conséquence de cette divergence est que les deux modèles conduisent à des valeurs de température critique (Hot Spot T_C) nettement différentes (figure 5), où les prévisions du modèle bidimensionnel sont évidemment plus faibles (figure 7), ce qui permet de dire que le taux de conversion est supérieur dans le cas bidimensionnel (figure 8), confirmant ainsi la performance du modèle bidimensionnel.

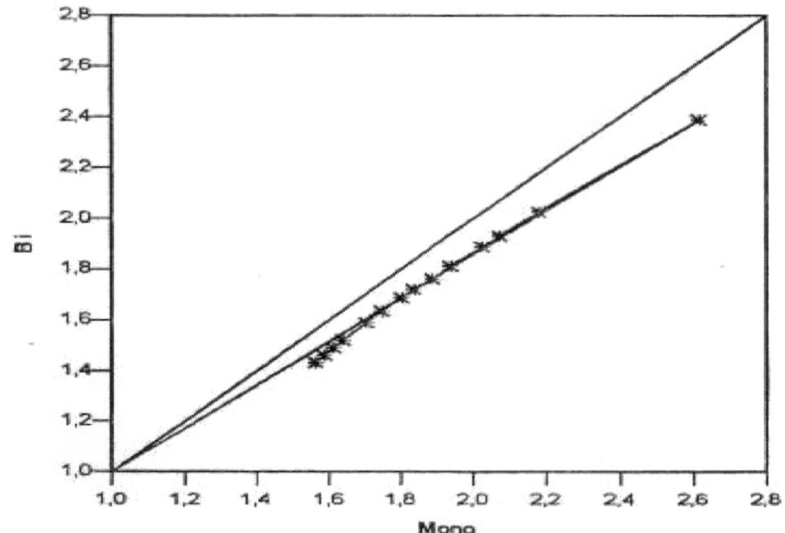

Figure 7 : Comparaison des deux modèles mono et bidimensionnels

(Cas de la température)

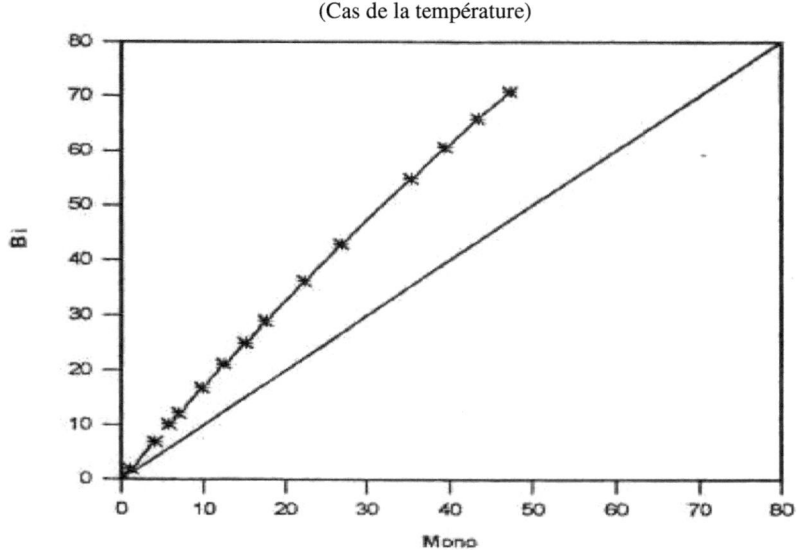

Figure 8 : Comparaison des deux modèles mono et bidimensionnels

(Cas du taux de conversion)

Comme conclusion, on peut dire qu'à partir de cette comparaison et les résultats prévus par les modèles proposés, il s'avère que les modèles bidimensionnels se révèlent capables de traduire et prédire avec une assez bonne précision le comportement du réacteur en question, et c'est la raison pour laquelle on se permet de dire qu'ils sont suffisamment généraux pour s'appliquer à de nombreuses réactions chimiques industrielles et peuvent rendre d'importants services. A cet égard, cela constitue un pas vers son utilisation qui nécessite avant tout une bonne connaissance des paramètres intervenant dans le modèle.

III.4 -- **Modélisation** :

Le modèle proposé pour notre application est un modèle bidimensionnel pseudo homogène [39]. Il est présenté comme suit :

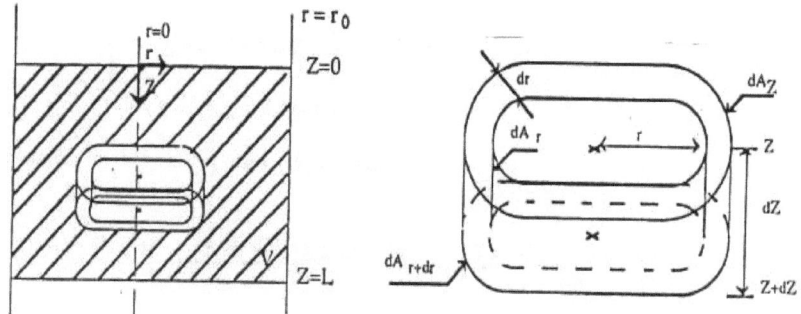

Schéma 4 : **Réacteur catalytique à lit fixe**   **Schéma 5** : **Volume élémentaire**

Dans un volume élémentaire du réacteur (schéma 4 et 5), on admettra que le système est traité comme s'il était homogène et le modèle proposé est soumis aux conditions suivantes :

1- le régime est stationnaire ($\frac{\partial \psi_i}{\partial t} = \frac{\partial \theta}{\partial t} = 0$)

2- le réacteur a une forme cylindrique

3- l'effet du changement de volume dù à la réaction ou à la température est négligeable

4- les dispersions axiales, massiques et thermiques sont supposées négligeables

$$\left(\frac{\partial^2 \psi_i}{\partial Z^2} = \frac{\partial^2 \theta}{\partial Z^2} = 0 \right)$$

5- les coefficients de diffusion et d'échange thermique restent constants dans le réacteur
6- la pression est constante le long du réacteur
7- la température de la paroi du réacteur est constante

Les bilans matière et énergie sous la forme adimensionnelle sont présentés comme suit :

$$\frac{\partial \psi_i}{\partial Z} = a_{12} \left[\frac{\partial^2 \psi_i}{\partial y^2} + \frac{1}{y} \frac{\partial \psi_i}{\partial y} \right] + b_{12} R(\theta_i, \psi_i) \qquad (25)$$

$$\frac{\partial \theta}{\partial Z} = a_{22} \left[\frac{\partial^2 \theta}{\partial y^2} + \frac{1}{y} \frac{\partial \theta}{\partial y} \right] + b_{22} R(\theta_i, \psi_i) \qquad (26)$$

où :

$$a_{12} = \frac{L^2}{Pe_{mr} \cdot r_0^2} \quad , \qquad Pe_{mr} = \frac{\overline{\upsilon}_z \cdot L}{D_{eff,r}}$$

$$a_{22} = \frac{L^2}{Pe_{hr} \cdot r_0^2} \quad , \qquad Pe_{hr} = \frac{\overline{\upsilon}_z \cdot L \cdot \rho_G \cdot C_{P_G}}{\lambda_{eff,r}}$$

$$b_{12} = \frac{L \cdot \rho_S \cdot \nu_i}{C_i^0 \cdot \overline{\upsilon}_z} \left(\frac{1-\varepsilon}{\varepsilon} \right)$$

$$b_{22} = \frac{L \cdot \rho_S \cdot \nu_i}{T_0 \cdot \overline{\upsilon}_z \, \rho_G \cdot C_{PG}} (1-\varepsilon) \cdot (-\Delta H_r)$$

Avec les conditions aux limites suivantes :

$$z = 0 \qquad \Rightarrow \quad \psi = \psi^0 \, , \quad \theta = \theta^0$$

$$\forall (Z, y = 0) \Rightarrow \frac{\partial \psi_i}{\partial y} = \frac{\partial \theta}{\partial y} = 0$$

$$y = \frac{r}{r_0} = 1 \implies \frac{\partial C_i}{\partial r} = \frac{C_i^0}{r_0}.\frac{\partial \psi_i}{\partial y} = 0 \rightarrow \frac{\partial \psi_i}{\partial y} = 0$$

$$-\lambda_{eff.,r}.\frac{T_0}{r_0}.\frac{\partial \theta}{\partial y} = -h_w.T_0.(\theta_w - \theta)$$

$$\implies \quad -\frac{\partial \theta}{\partial y} = -\frac{h_w.T_0 r_0}{\lambda_{eff.,r} T_0.}.(\theta_w - \theta) = -B_{i_\theta}.(\theta_w - \theta)$$

avec : $\qquad \theta_w = \dfrac{T_w}{T_0}$

Les équations (25) et (26) forment un système aux dérivées partielles paraboliques, d'où la grande difficulté de résolution. On utilise alors avantageusement la méthode de collocation orthogonale qui postule une forme simple pour les profils radiaux.

Pour chaque point de collocation y_j on obtient :

$$\frac{\partial \psi_i(z,y_j)}{\partial z} = a_{12}.\left[\sum_{k=1}^{N} B_{jk}.\psi_{i,k} + \frac{1}{y_j}\sum_{k=1}^{N} A_{jk}.\psi_{i,k}\right] + b_{12}.R(\theta_j,\psi_j) \qquad (27)$$

$$\frac{\partial \theta_j}{\partial z} = a_{22}.\left[\sum_{k=1}^{N} B_{jk}.\theta_k + \frac{1}{y_j}\sum_{k=1}^{N} A_{jk}.\theta_k\right] + b_{22}.R(\theta_j,\psi_j) \qquad (28)$$

$$(j = 2,3, ...N-1)$$

où : $\qquad \psi_{i,k} = \psi_i(z, y_k)$

Il est clair que les équations (27) et (28) sont sous la forme de deux systèmes différentiels du premier ordre qui peuvent être résolus par la méthode de Runge-Kutta semi-implicite du 4ème ordre.

En portant le taux de conversion dans les équations (27) et (28) du modèle on obtient :

$$\frac{\partial X_j}{\partial z} = -a_{12}\left[\sum_{k=1}^{N} B_{jk}.(1-x_k) + \frac{1}{y_j}\sum_{k=1}^{N} A_{jk}(1-x_k)\right] + b_{12}.R\left(\theta_j,\psi_j\right)$$

$$\frac{\partial \theta_j}{\partial z} = a_{22}\left[\sum_{k=1}^{N} B_{jk}.\theta_k + \frac{1}{y_j}\sum_{k=1}^{N} A_{jk}\theta_k\right] + b_{22}.R\left(\theta_j,\psi_j\right) \qquad (29)$$

$$(j = 2,3, \dots N\text{-}1)$$

Après le développement de ces deux équations (29) sous forme de deux systèmes on obtient :

$$F(j) = -a_{12}\sum_{k=1}^{N} \overline{A}_{jk}\left(1-x_k\right) + b_{12}\,R\left(\theta_j,\psi_j\right)$$

$$F(j+\text{Ncol}) = a_{22}\sum_{k=1}^{N} \overline{A}_{jk}\theta_k + b_{22}\,R\left(\theta_j,\psi_j\right) \qquad (30)$$

$$\text{où} \quad \sum_{k=1}^{N}\overline{A}_{jk} = \sum_{k=1}^{N}\left(B_{jk} + \frac{1}{y_j}A_{jk}\right)$$

La validation de ce modèle (30), qui prend en compte des termes différentiels caractéristiques du comportement du système, a été particulièrement prise en compte [24]. Dans ce cadre, un programme de simulation (voir Annexe – B, P.123) a été développé avec leurs subroutines détaillés (p.131), dans le but de prédire le comportement d'un réacteur chimique tubulaire où se déroule une réaction de polymérisation sous haute pression. Le modèle peut être utilisé pour une réaction dont la vitesse est une fonction de la température et des concentrations des composés chimiques en présence.

Références

[1] «Simulation sur ordinateur de la circulation routière », réalisé par : Boumezbeur Rezki, dirigé par : Dr. CETNAROWICZ KRZYSZTOF.

[2] M.Gourgand,"Evaluation des performances des systèmes informatiques»,Chap.I : systèmes et modèles, Chap. II : les outils existants. Uni. de CLERMONT II.

[3] A. Gourdin, M. Boumahrat, « Méthodes Numériques Appliquées », 2nd. O.P.U., **1991**.

[4] M. Boumahrat, A. Gourdin, « Méthodes Numériques Appliquées », Mai (**1983**).

[5] V. Kafarov, « Méthodes Cybernétiques et Technologie chimique » E. M., Moscou, **1974**.

[6] J. Villermaux, "Génie de la Réaction Chimique, Conception et fonctionnement des réacteurs", Lavoisier, Paris (**1982**).

[7] D.Defives, A. Rojey, « Transfert de Matière », -Efficacité des opérations de Séparation du génie chimique-, (publication de l'institut français du pétrole), collection « Science et Technique du Pétrole », N°20, E. Technip, Paris (**1976**).

[8] A. P. De Wasch, G. F. Froment, "A two dimensional heterogeneous model for fixed bed catalytic reactors", Chem. Eng. Sci., vol.26, 629, (**1971**).

[9] S. Yagi, D. Kunii, "Studies on effective thermal conductivities in packed beds", AIChE.J., Vol.3, 373 (**1957**).

[10] D. Kunii, J. M. Smith, "Heat Transfer Characteristics of Porous Rocks". AIChE. J., 6(1), 71 (**1960**).

[11] A. P. De Wasch, G. F. Froment,"Heat transfer in packed beds". Chem. Eng. Sci., 27, 567 (**1972**).

[12] A. B. De Vriendt et G. Morin (éditeur), « la transmission de la chaleur », Généralités- La conduction, Vol. 1, Tome I (**1982**).

[13] J. J. Lerou, G. F. Froment," Velocity, temperature and conversion profiles in fixed bed catalytic reactors ». Chem. Eng. Sci., 32, 853 (**1977**).

[14] E.Singer, R. H. Wilhelm,"Heat transfer in packed beds. Analytical solution and design methods". Chem.Eng. Prog., 46, 343 (**1950**).

[15] J.M.Smith, Chem.Eng.Kinetics, 2nd edit., McGraw-Hill, New york (**1972**).

[16] J. Horak, J. Pasek, "conception des réacteurs chimiques industriels sur la base des données dans laboratoire », Eyrolles, Paris (**1981**).

[17] J. Beek,"Design of Packed Catalytic Reactors," in« Advances in chemical Engineering », vol.3, Academic Press, New York (**1962**).

[18] P. Trambouze, H. Van Landeghem, J.P. Wauquier, Les réacteurs chimiques, - Conception / Calcul / Mise en œuvre -, Publications de l'institut français du pétrole, collection "science et technique du pétrole" N°26, E. Technip, Paris (**1984**).

[19] G. F. Froment, Proc. 2nd Int. Symp. On chemical Reaction Engineering, Elsevier, Amsterdam (**1972**).

[20] P. Wuithier, "Le Pétrole Raffinage et Génie Chimique" Tome 1, II (publication de l'institut français du pétrole), collection "Science et Technique du Pétrole", N°5, E. Technip., Paris (**1965**).

[21] J.M. Smith, Chem. Eng. Kinetics, 2nd edit.. Mc Graw-Hill, New York (**1972**).

[22] J. Horak, J. Pasek, "Conception des réacteurs chimiques industriels sur la base des données dans laboratoire", Eyrolles, Paris (**1981**).

[23] M. Marek, V. Hlavacek, T.M. John,"Modelling of chemical reactors. XI. Non-adiabatic non-isothermal catalytic packed bed reactor; An analysis of a two-dimensional model », Collect. Czech. Chem. Commun.34, 3664 (**1969**)

[24] M. Marghsi, "modélisation et simulation d'un réacteur catalytique à lit fixe: 'application à la synthèse du SO_3 ', mémoire de Magistère, **1997**.

[25] J. B. Gros, R. Bugarel, "Etude comparative de modèles de réacteurs catalytiques à lit fixe", Chem. Eng. J., 13, 165 (**1977**)

[26] B. A. Finlayson,"Packed Bed Reactor Analysis by Orthogonal Collocation.",
Chem. Eng. Sci., 26, 1081 (**1971**)

[27] B.A. Finlayson, "The Method of Weighted Residuals and Variational
Principles", Académie Press, New York (**1972**)

[28] G.F. Froment," fixed bed catalytic reactors-current design status", Ind. Eng. Chem.,
59 (2), 18 (**1967**).

[29] R.W. Schuler, V.P. Stallings, J.M. Smith, Chem. Eng. Prog., Symp. Ser. ,4,
48(**1954**).

[30] J.M. Smith, Chem. Eng. Kinetics, 2nd edit.. Mc Graw-Hill, New York
(**1972**).

[31] J. C. Almond, M. Se. Thesis, Université de Washington (**1959**).

[32] R. C. Richardson, Ph. D. Thesis, lowa state University   (**1963**)

[33] Y. Oki, E. O'Shima, S. Yagi, H. lnoue, Kagaku Kogaku, 4, 341 (**1966**).

[34] L. C. Young, M. Se. Thesis, Université de Washington (**1972**)

[35] V. Hlavacek, M. Marek, Coll. Czech. Chem. Commun. 32, 3291 (**1967**);
32,3309(**1967**)

[36] V. Hlavacek, M. Marek, Scientific Papers of the Institute of Chemical
Technology, Kl, 45, Prague (**1967**).

[37] J. E. Crider, A. S. Foss,"Effective wall heat transfer coefficients and thermal
resistances in mathematical models of packed beds", AIChE. J., 11, 1012 (**1965**)

[38] J V. Hlavacek, "Industrial and Engineering Chemistry", I.E.C., 62, (7), 8 (July
1970).

[39] M. Marghsi, D. Benachour, «Use of a two-dimensional pseudo-homogeneous
model for The study of temperature and conversion profiles during a
polymerization reaction in a tubular chemical reactor", Materials and technology
46 (**2012**) 5, 539–546.

Chapitre V

Application

I- Procédés de fabrication du polyéthylène basse densité (PEBD) :

I.1- Introduction :

Le polyéthylène basse densité (en abrégé PEBD), est obtenu par polymérisation radicalaire de l'éthylène dans des réacteurs **modèles autoclaves à agitation**, des réacteurs **tubulaires** ou **des réacteurs en série** de l'un ou de l'autre type. Le milieu réactionnel est constitué d'une solution de polymère et de monomère qui comprend aussi les agents de transfert (hydrocarbures saturés), les amorceurs et leurs solvants et éventuellement les comonomères. Les macromolécules obtenues ne sont pas parfaitement linéaires et elles comprennent des branchements courts et des branchements longs ainsi que des insaturations.

En général, ce procédé de fabrication est effectué en continu (en présence d'initiateurs générateurs de radicaux libres), il nécessite des conditions très sévères, de température et de pression, de l'ordre de 60 à 300 °C et 800 à 3000 bars, ce qui se répercute sur la conception des réacteurs et leurs emplacements. Ces réacteurs (de très grandes dimensions) sont toujours enfermés dans des bunkers, car les réactions sont très dangereuses à cause de la pression élevée.

Le réacteur peut être composé de deux parties, la première est un réacteur du genre piston de plusieurs centaines de mètres (>>1000 m) où la température atteint 300 °C, alors que la seconde est un réacteur cuve pour compléter la réaction. Il existe aussi des variantes de procédés en une partie, basée sur le piston ou encore basée sur la série de cuves.

L'installation se compose de compresseurs (à vis et à piston) et à la sortie du réacteur à haute pression, dans lequel ont eu lieu les réactions de polymérisation, le mélange réactionnel est introduit dans un ou plusieurs séparateurs (filtre, décanteur et dégazeur) sous des conditions adéquates pour obtenir la séparation de l'éthylène du polymère en une ou en plusieurs étapes. Le polymère obtenu, séparé par détentes successives, et finalement repris à l'état fondu entre 200 et 300 °C par une extrudeuse puis transformé et mis sous forme de granules, il a une densité d'environ ≈ 0.92 g/cm^3 et est constitué de chaînes ramifiées (il est peu cristallin).

L'intérêt croissant du polyéthylène vient du développement général des plastiques et dans ce cas, du relatif faible prix de revient de la matière première et du procédé lui-même, c'est la raison pour laquelle son marché est en expansion. La production du polyéthylène basse densité (PEBD) dépasse la dizaine de millions de tonnes par an et actuellement les grosses unités de production atteignent les 200 kilotonnes par an.

I.2- Cinétique et mécanisme de la polymérisation radicalaire de l'éthylène :

Le système réactionnel principalement choisi comme support dans notre travail est la synthèse radicalaire du polyéthylène basse densité (**PEBD**), dans un réacteur chimique tubulaire. Ce polymère est produit par polymérisation homogène radicalaire en masse de l'éthylène, sous haute pression de (800 à 3000 atm) et à des températures allant de 60 à 300 °C, en présence de traces d'oxygène et d'un générateur de radicaux libres *l'azobisisobutyronitrile* (AIBN). Il faut noter que la réaction est fortement exothermique, et l'une des premières difficultés dans ce procédé est l'élimination de l'excès de chaleur ainsi générée et qui constitue un handicap majeur. L'échange thermique avec l'extérieur étant assuré par la circulation d'eau sous pression.

Le mécanisme général de cette polymérisation radicalaire obéit aux lois classiques qui comportent les trois étapes principales suivantes :

a //- Etape d'amorçage :

L'éthylène peut être amorcé, sous l'action de la chaleur, par l'**AIBN** en radicaux libres suivant le mécanisme :

$$(NC)(CH_3)_2C\text{-}N\text{=}N\text{-}C(CH_3)_2(CN) \xrightarrow{K_d} 2\ (NC)(CH_3)_2C^* + N_2 \quad \textit{lent}$$
$$\textit{amorceur} \qquad\qquad\qquad \textit{radicaux}$$

$$(NC)(CH_3)_2C^* + H_2C\text{=}CH_2 \xrightarrow{K_a} (NC)(CH_3)_2C\text{-}CH_2\text{-}CH_2^* \quad \textit{rapide}$$
$$\textit{monomère} \qquad\qquad \textit{radical en croissance}$$

b //- <u>Etape de propagation</u> :

$$(NC)(CH_3)_2C\text{-}CH_2\text{-}CH_2{}^* \quad + \quad H_2C=CH_2$$

$$\xrightarrow{\quad K_{p1} \quad}$$

$$(NC)(CH_3)_2C\text{-}CH_2\text{-}CH_2\text{-}CH_2\text{-}CH_2{}^*$$

$$\cdots\cdots\cdots\cdots\cdots\cdots\cdots\cdots\cdots$$

$$(NC)CH_3)_2C\text{-}CH_2\text{-}CH_2\text{-}CH_2\text{-}CH_2{}^* \quad + \quad H_2C=CH_2$$

$$\xrightarrow{\quad K_p \quad}$$

$$(NC)(CH_3)_2C\text{-}(CH_2\text{-}CH_2)_{n+1}\text{ - }CH_2\text{-}CH_2{}^*$$

c //- <u>Etape de terminaison</u> : deux mécanismes sont possibles

- par combinaison :

$$(NC)(CH_3)_2C\text{-}(CH_2\text{-}CH_2)_n\text{-}CH_2\text{-}CH_2{}^* + (NC)(CH_3)_2C\text{-}(CH_2\text{-}CH_2)_m\text{-}CH_2\text{-}H_2{}^*$$

$$\xrightarrow{\quad K_{tc} \quad}$$

$$(NC)(CH_3)_2C\text{-}(CH_2\text{-}CH_2)_n\text{-}CH_2\text{-}CH_2\text{-}CH_2\text{-}CH_2\text{-}(CH_2\text{-}CH_2)_m\text{- }C(CH_3)_2(CN)$$

- par dismutation:

$$(NC)(CH_3)_2C\text{-}(CH_2\text{-}CH_2)_n\text{-}CH_2\text{-}CH_2{}^* + (NC)(CH_3)_2C\text{ -}(CH_2\text{-}CH_2)_m\text{-}CH_2\text{-}H_2{}^*$$

$$\xrightarrow{\quad K_{td} \quad}$$

$$(NC)(CH_3)_2C\text{-}(CH_2\text{-}CH_2)_n\text{-}CH_2\text{-}CH_3 \; + (NC)(CH_3)_2C\text{ -}(CH_2\text{-}CH_2)_m\text{-}CH=CH_2$$

Comme on a déjà vue, l'étape principale de la polymérisation est la propagation de chaîne, où l'expression de la vitesse est exprimée par l'équation (4.3).

$$Rp = K_p \times (M) \times [f \times K_d / K_t]^{1/2} \times [(I)]^{1/2}$$

On peut aussi exprimer Rp d'une manière générale par l'équation (4.4)

$$Rp = K_p \times (M) \times [V_i / 2 \times K_t]^{1/2}$$

I.3- Résultats et discussions :

Compte tenu de la grande importance technico-économique de certains paramètres réactionnels dans l'industrie faisant appels aux réacteurs chimiques, nous nous proposons d'étudier soigneusement l'influence de trois paramètres, la température initiale T_0, la pression totale P_t, le coefficient de transfert de chaleur global U et le rapport des dimensions principales du réacteur (L /D) sur les profils de la température et du taux de conversion en vue de déterminer les conditions de travail optimales. En effet, les conditions pratiques (Pression et température etc.) sont des mesures cinétiques directes très délicates, car dans toutes les installations industrielles, la mesure de ces derniers est tout particulièrement importante pour garantir les performances et contrôler le bon fonctionnement des opérations en cours.

Souvent, il est difficile de maîtriser en même temps ces deux paramètres et à obtenir une reproductibilité des résultats. Aussi, il s'avère nécessaire de faire varier de tels paramètres un à la fois.

Il est aussi certain que des réacteurs chimiques peuvent travailler à haute température ou à forte pression, mais du fait de la technologie mise en œuvre et de la géométrie de ces réacteurs, il est plus difficile d'avoir simultanément une pression opératoire forte et une température de réaction élevée. Pour cela, nous nous sommes essentiellement intéressés à l'obtention d'informations sur l'état physique du mélange réactionnel.

L'objet est donc de préciser l'influence des conditions physiques, principalement la température T_0, la pression P_t et le coefficient de transfert de chaleur global U ainsi que le rapport L/D, sur le fonctionnement du réacteur afin de connaître son comportement et aussi d'éviter le phénomène de l'emballement thermique. Ce phénomène est dû à un excès de température résultant d'un mauvais échange thermique, qui conduit à une instabilité thermique.

Notons que les valeurs des différents paramètres (technologiques, cinétiques, thermodynamiques, etc.) sont tirés de la littérature [1-5]. Nous disposons donc de toutes les données pour calculer les profils théoriques de température et de conversion dans le réacteur (voir tableaux 1 et 2).

Après les traitements de simulation de nos modèles, nous arrivons aux résultats suivants :

1- *Influence de la température initiale (T_0)* :

Dans toutes les installations industrielles, la mesure des températures est tout particulièrement importante pour garantir les performances et contrôler le bon fonctionnement des opérations. Ce facteur T_0 est un paramètre fondamental, à partir duquel on déduit la plupart des autres paramètres de la réaction tels que : la pression, la composition du mélange et la géométrie du réacteur (le rapport L/D optimal) [6].

Le changement de la température initiale T_0, avec le maintien des autres paramètres P_t et L/D constants, influe sur les profils de la température adimensionnelle moyenne θ et le taux de conversion moyen **x**.

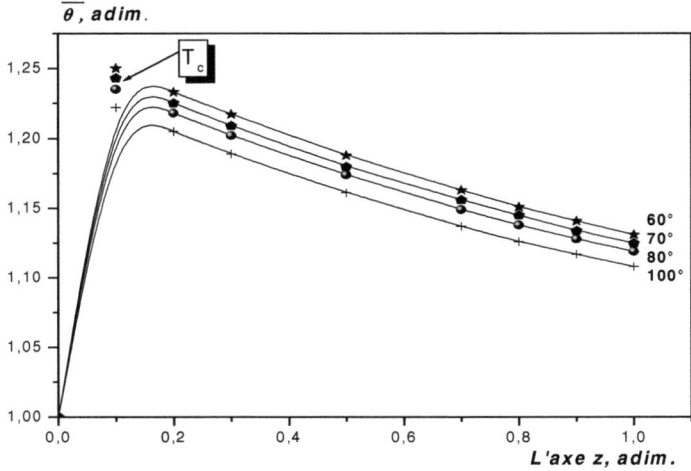

Figure 9 : **Variation de la température adimensionnelle moyenne le long de l'axe z du réacteur pour différentes valeurs de T_0**

Sur la figure 9, on voit clairement apparaître un point chaud T_c, juste à l'entrée du réacteur ($z = 0.10$) pour chaque valeur de T_0, où on risque d'avoir à faire face à des problèmes d'instabilité thermique, qui apparaissent le plus souvent suite à une dérive du procédé de type défaillance du système de refroidissement (placé contre la paroi extérieure du réacteur). La valeur de T_c diminue avec l'augmentation de la température T_0, cela veut dire que la température adimensionnelle moyenne θ décroit avec l'augmentation de la température initiale T_0 quel que soit z le long de l'axe du réacteur (voir Figure. 10). Cette augmentation de T_0 a pour avantage d'augmenter la conversion moyenne (voir Figure. 11), c'est-à-dire la masse moléculaire et la viscosité. En général, la conversion augmente légèrement avec l'augmentation de T_0 quel que soit z (voir Figure.12). La gamme de la température T_0 a été limitée par les performances du système; qui permettent à la fois des vitesses de réaction assez rapides et des conversions assez bonnes, conduisant à un polymère peu cristallin et moins dense.

Il est à noter que la température, après avoir atteint un maximum T_c pour chaque valeur de T_0, diminue le long de l'axe z du réacteur, ce qui nous permet de dire :

- La réaction est fortement accélérée par une élévation de température juste à l'entrée du réacteur où la vitesse de polymérisation est maximale. La chaleur ainsi induite est évacuée en faisant y passer un liquide caloporteur (généralement l'eau) pour réduire l'apparition de points chaudx T_c, et obtenir une répartition uniforme de la température à l'intérieur du réacteur.
- la réaction d'initiation dégage une forte énergie thermique qui explique le « Hot Spot » observé lors de cette étape. En effet, nous pouvons dire qu'il est probable que l'énergie d'activation de l'amorçage (E_d) est très supérieure aux autres énergies d'activation (de propagation E_p et de terminaison E_t) car l'amorçage, dans notre cas, résulte de la décomposition thermique (voir tableau 2).

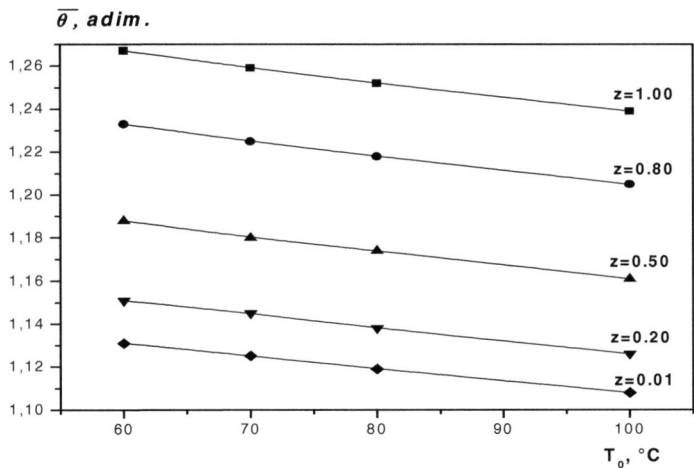

Figure 10 : Variation de la température adimensionnelle moyenne
en fonction de T_0 pour différentes positions le long de l'axe z

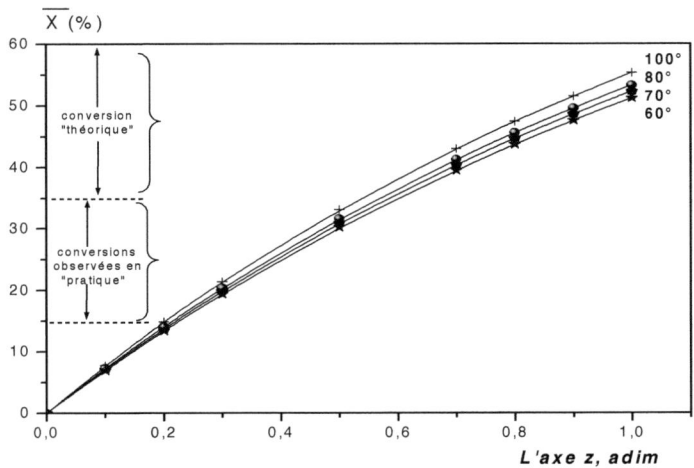

Figure 11 : Variation de la conversion moyenne le long de l'axe z
du réacteur pour différentes valeurs de T_0

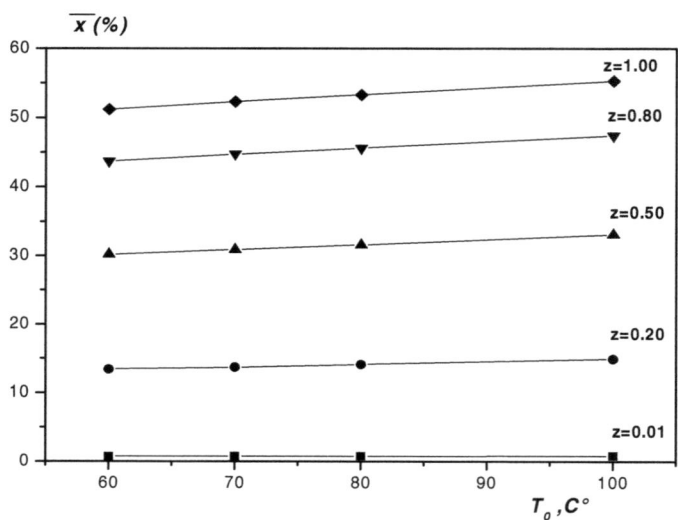

Figure 12 : **Variation de la conversion moyenne en fonction
de T_0 pour différentes positions le long de l'axe z**

La température radiale et le taux de conversion, qui sont respectivement représentés sur
les figures 13 et 14, restent constants et ce pour n'importe quelle position **z** le long de
l'axe du réacteur. La raison pour laquelle la température **θ** est constante selon la
direction radiale (Figure.13) est l'apparition du flux de chaleur lors de l'existence des
gradients de température dû au profil des vitesses qui est généralement parabolique. Le
mélange des tranches de fluide génère ces gradients dans la tranche fixe, et le réacteur
s'écarte de l'idéalité (écoulement piston). De ce fait, le flux de chaleur qui est relié au
gradient de température par la loi de Fourier joue le rôle d'un régulateur de température
le long de la direction radiale.

La même constatation est observée pour le taux de conversion **x** qui est constant selon
la direction radiale (Figure.14). Nous remarquons aussi l'apparition du flux de
diffusion lors de l'existence des gradients de concentration. Ce flux de diffusion qui est
relié au gradient de concentration par la loi de Fick joue le rôle d'un régulateur de
concentration le long de la direction radiale y.

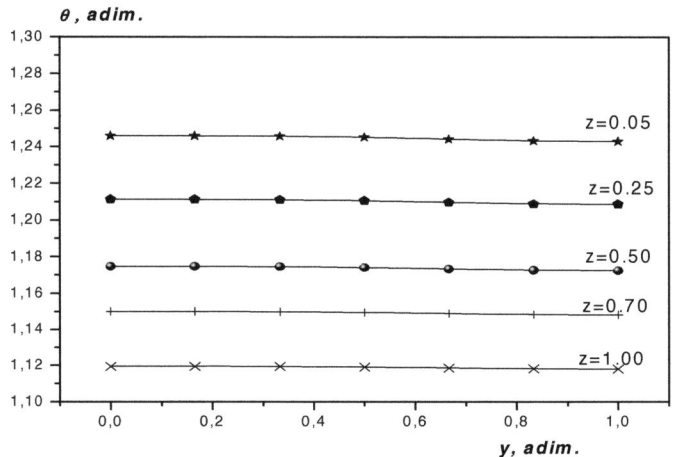

Figure 13: Variation de la température θ en fonction de
la direction radiale y du réacteur pour différentes
positions le long de l'axe z

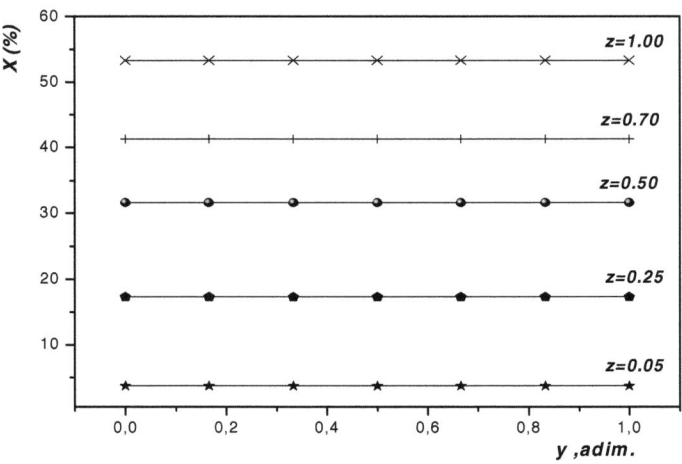

Figure 14: Variation de la conversion x en fonction de la
direction radiale y du réacteur pour différentes
positions le long de l'axe z

2- _Influence de la pression totale (P_t)_ :

La pression est un paramètre qui intervient directement sur la cinétique à travers l'enthalpie de la réaction qui est donnée par l'expression suivante [4] :

$$\Delta H = 28 \times [718,6 + (0,05 \times T_0) + (0,025 \times P_t)] \quad ; \quad [\,cal \cdot g^{-1} \cdot mol^{-1}\,]$$

Pour mieux mettre en évidence l'effet de la pression totale sur les profils de température et de conversion les simulations sont faites en supposant que cette pression reste constante le long du réacteur (absence de pertes de charges).

Les résultats portés sur les figures 15 et 17 (profils de la température adimensionnelle moyenne θ et le taux de conversion moyen **x** en fonction de l'axe **z** du réacteur, respectivement) confirment le rôle de la pression sur ces deux paramètres. De tels résultats sont conformes à ceux que l'on pouvait attendre : lorsque la pression P_t augmente les vitesses d'écoulement des produits au sein du réacteur, sont fortement accélérées et les températures sont plus élevées figure 16, tandis que le taux de conversion décroît quelle que soit la position le long de l'axe z du réacteur figure 18. Cette diminution de conversion peut être expliquée comme suit: l'élévation de la pression, augmente la vitesse qui, à son tour, limite les réactions de réticulation et la formation d'un dépôt (croute) à la paroi (ces réactions favorisent la formation de dépôts néfastes au transfert de chaleur).

La gamme de la pression totale P_t a été limitée par les performances du système, car il ne faut pas trop excéder la pression (≤ 300 MPa) et éviter ainsi une surchauffe du système. On peut remarquer que, lorsque l'on considère des pressions élevées, les points chauds commencent à être plus conséquents, risquant ainsi de mener à l'emballement du réacteur. C'est la raison pour laquelle, l'échange thermique doit être contrôlé avec précision pour éviter un tel emballement et maîtriser la distribution des masses molaires du polymère.

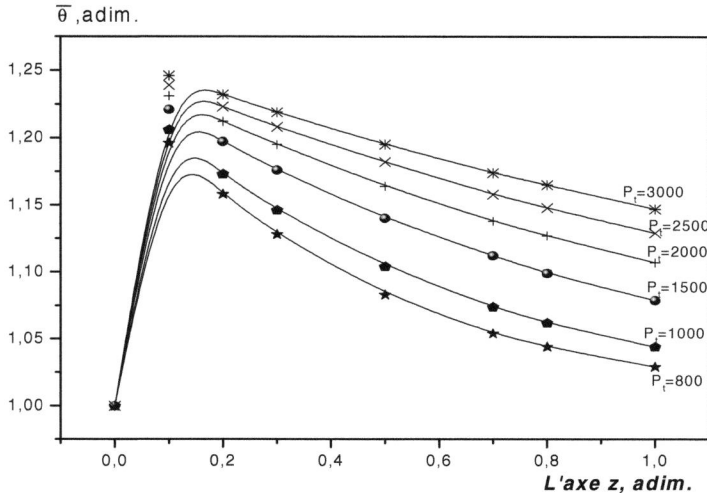

Figure 15 : Variation de la température adimensionnelle moyenne le long
de l'axe z du réacteur pour différentes valeurs de Pt

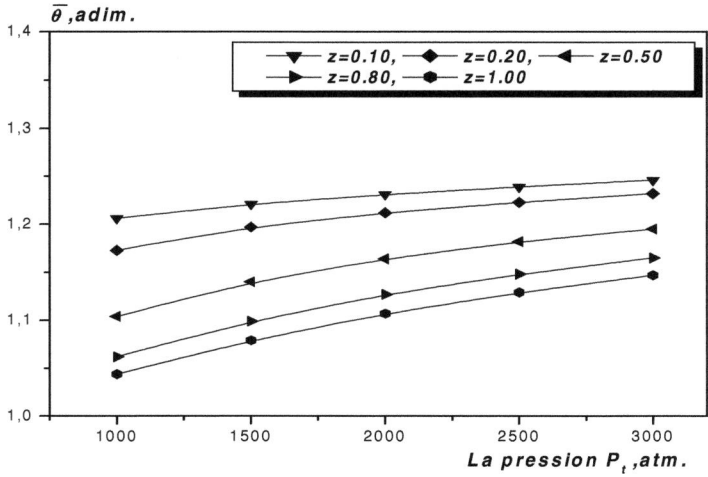

Figure 16 : Variation de la température adimensionnelle moyenne
en fonction de P_t pour différentes positions le long de l'axe z

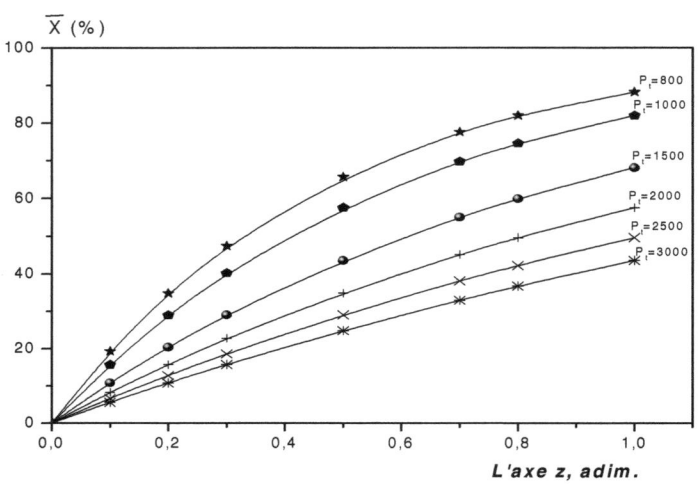

Figure 17 : Variation de la conversion moyenne le long de l'axe z
du réacteur pour différentes valeurs de Pt

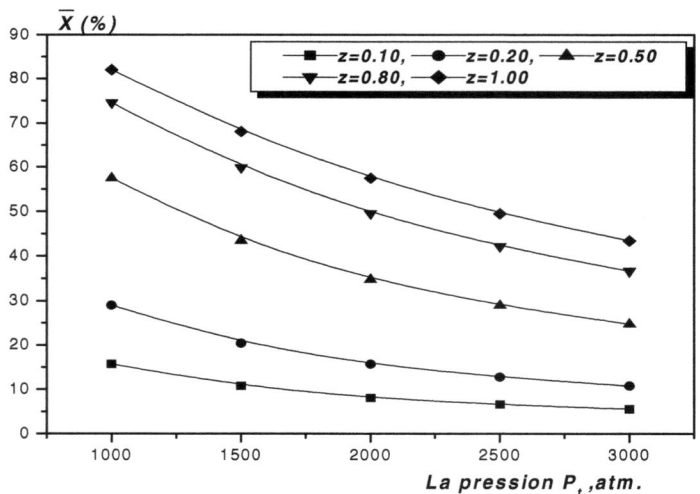

Figure 18 : Variation de la conversion moyenne en fonction
de P_t pour différentes positions le long de l'axe z

La température radiale et le taux de conversion **x** (Figures 19 et 20) restent pratiquement constants le long de la direction radiale **y**. Cette uniformité de température (respectivement du taux de conversion) est due à l'apparition du flux de chaleur (respectivement du flux de diffusion) lors de l'existence des gradients de températures (respectivement des gradients de concentration) dû au profil des vitesses parabolique. Le mélange des tranches de fluide génère ces gradients dans la tranche fixe. De ce fait, le flux de chaleur (respectivement flux de diffusion) qui est relié au gradient de température (respectivement au gradient de concentration) par la loi de Fourier (respectivement par la loi de Fick) joue le rôle d'un régulateur de température (respectivement de concentration) le long de la direction radiale **y**

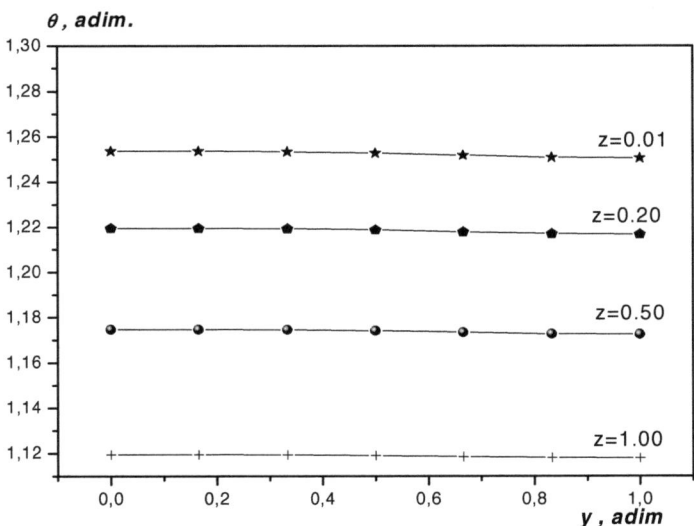

Figure 19 : **Variation de la température θ en fonction de la direction radiale y du réacteur pour différentes positions le long de l'axe z**

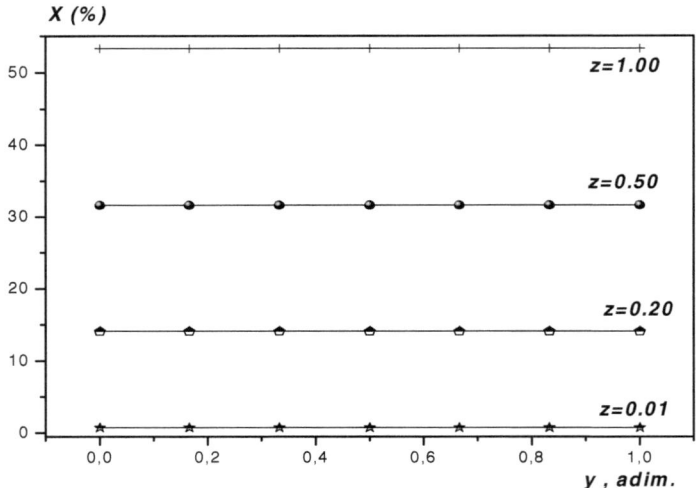

Figure 20 : Variation de la conversion x en fonction de
la direction radiale y du réacteur pour différentes
positions le long de l'axe z

2.1- *Effet de la pression totale (P_t) sur la vitesse de polymérisation (R_p)* :

L'influence de la pression sur les réactions de polymérisation n'est pas largement étudiée, pour cela, nous avons jugé utile que, du point de vue pratique, il est très important d'avoir des informations sur l'effet de la pression sur la vitesse de polymérisation. Pour ceci, nous avons conduit par simulation, des essais de polymérisation à l'échelle industrielle réelle, à diverses pressions à température constante.

D'après Y. Ogo, 1984 ; K. E. Weale, 1974 ; N. L. Zutty and R. D. Burkhart, 1962 [7-9], la pression peut affecter la vitesse de la polymérisation lorsqu'on change les concentrations (du monomère ou de l'initiateur), les constantes de vitesses et les constantes d'équilibres. Les polymérisations de la plupart des monomères gazeux (par exemple le chlorure de vinyle, chlorure de vinylidène, le tétrafluoroéthylène, etc.) sont réalisées à des pressions très modérées d'environ 5 à 10 MPa, où l'effet principal est du à une augmentation de concentration conduisant à des taux de conversions plus élevés [5].

Des changements importants dans les constantes de vitesse et d'équilibre se produisent seulement à des pressions élevées, comme par exemple, dans le cas du PEBD la gamme de pression est de 100 à 300 MPa, servant à produire des taux de conversions et des poids moléculaires élevés du polymère [5]. Ceci a été confirmé dans notre travail (Figure 21), où on peut dire que, la constante de vitesse de polymérisation (et donc la vitesse) augmente avec l'accroissement de la pression. C'est essentiellement la constante de vitesse de propagation qui est sensible à la pression. Ceci est montré dans la figure 22 [5, 10], où l'augmentation de pression se traduit généralement par un accroissement de la vitesse de polymérisation.

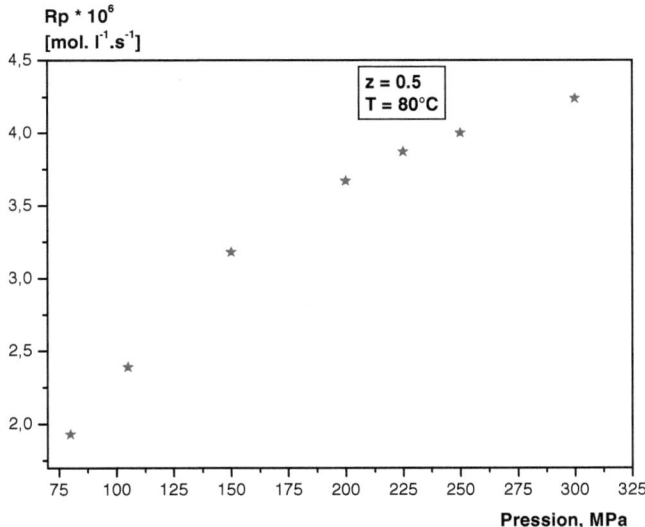

Figure 21 : **Effet de la pression sur la vitesse de polymérisation de l'éthylène à 80°C.**

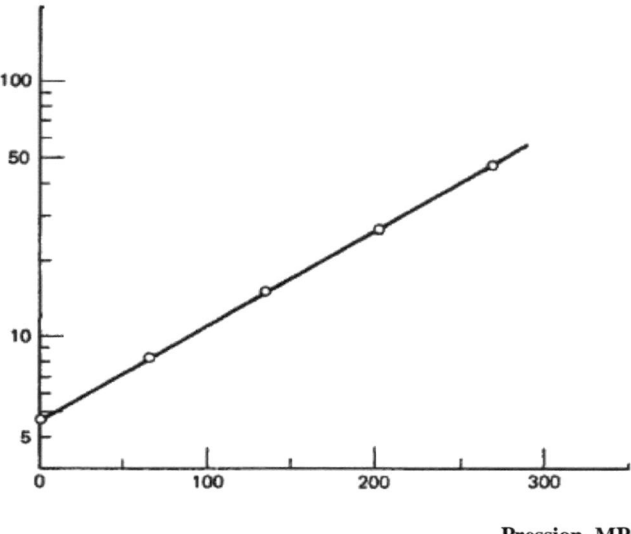

Rp $\times 10^6$ [mol. l^{-1}. s^{-1}]

Pression, MPa

Figure 22 : **Effet de la pression sur la vitesse de polymérisation**
du styrène à 25°C [5, 10].

A partir de ces interprétations, nous pensons qu'on peut déduire un effet quantitatif de la pression (à température constante) sur la constante de vitesse à travers l'expression d'Arrhenius modifiée suivante :

$$K = K_0 \exp - \left[\frac{E_a}{R \times T} + \frac{P \times \Delta V^*}{R \times T} \right]$$

maintenant, si on prend le logarithme et la première dérivée de cette expression par rapport à la pression (à température constante), on abouti à la relation (32)

$$Ln\, K = Ln\, K_0 - \left[\frac{E_a}{R \times T} + \frac{P \times \Delta V^*}{R \times T} \right]$$

90

$$dLn\,K = -\frac{\Delta V^*}{R \times T}\,dP$$

$$\Rightarrow \qquad \frac{dLn\,K}{dP} = -\frac{\Delta V^*}{R \times T} \qquad\qquad (32)$$

où :

$E_a \rightarrow$ est l'énergie d'activation, ne rendant compte que de l'effet de la température à

basse pression. [cal. mol.$^{-1}$]

$\Delta V^* \rightarrow$ est le volume d'activation qui rend compte de l'effet de la pression. Il mesure la

différence de volume molaire entre les réactifs et le complexe activé.

2.1.1 - *vitesse de polymérisation (RP)* :

La variation de la vitesse de polymérisation avec la pression dépend de la variation du rapport $K_P\left(K_d/K_t\right)^{1/2}$ avec la pression. C'est en conformité avec les équations (4.3) et (32) que, notre dernière équation (32) sera donnée par :

$$\frac{dLn\left[K_P(K_d/K_t)^{1/2}\right]}{dP} = -\frac{\Delta V^*_{Rp}}{R \times T} \qquad\qquad (33)$$

où :

$\Delta V^*_{Rp} \rightarrow$ est le volume d'activation global de la vitesse de polymérisation

($\Delta V^*_{Rp} \approx -17.5$ cm^3.mol^{-1} pour l'éthylène [11])

2.1.2 - *degré de polymérisation (Dp)* :

La variation du degré de polymérisation avec la pression dépend de la variation du rapport $K_P\left(K_d/K_t\right)^{1/2}$ avec la pression et, il est donné par l'expression suivante :

$$\frac{dLn\left[K_P(K_d/K_t)^{1/2}\right]}{dP} = -\frac{\Delta V_{Dp}^*}{R \times T} \qquad (34)$$

où :

$\Delta V_{Dp}^* \rightarrow$ est le volume d'activation global du degré de polymérisation

2.2- *Effet de la température (T_0) sur la vitesse de polymérisation (Rp) et sur le degré de*

polymérisation (Dp) :

L'effet de la température sur la vitesse de polymérisation Rp et sur le degré de polymérisation Dp est d'une très grande importance dans le domaine de génie des polymères. Ceci nous a permis d'arriver à des résultats similaires à ceux de l'effet de la pression, où on constate que l'effet de cette dernière sur Rp et Dp, est le même que celle de la température, car elle se manifeste par des changements dans les trois constantes de vitesse : d'initiation, de propagation et de terminaison.

Ceci a été mentionné et confirmé par ODIAN, car ces deux paramètres, Rp et Dp, diminuent rapidement avec l'augmentation de la température. Nos résultats tels que présentés dans la figure 23 { Rp et Dp = f(T)} confirment ceux cités par ODIAN [5].

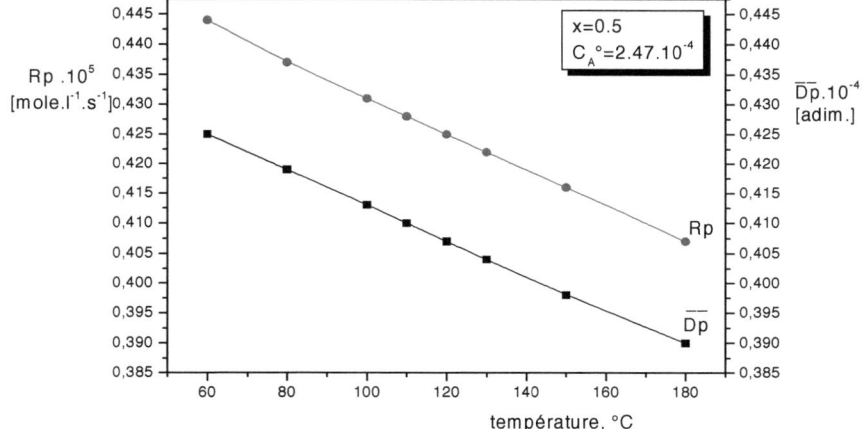

Figure 23 : **Variation de la vitesse Rp et du degré de Polymérisation Dp**
en fonction de la température initiale pour z = 0.5 et C_A^0=2.47.10^{-4}

Aussi à température et pression constantes (80 °C et 225 MPa), la longueur de la chaine cinétique λ et le degré de polymérisation Dp diminuent le long de l'axe z du réacteur (Figure 24).

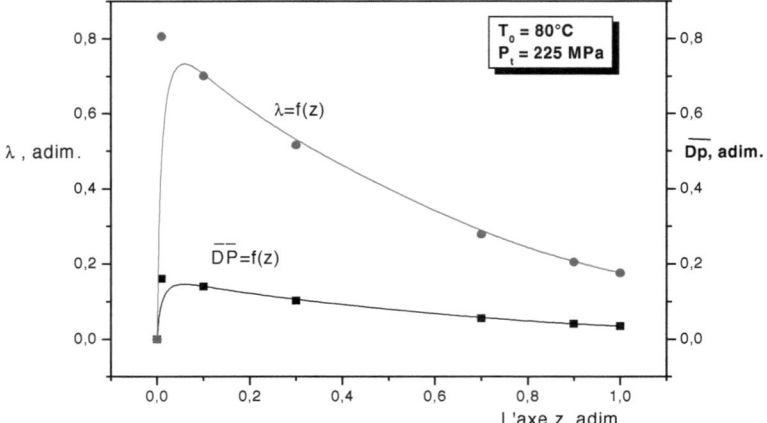

Figure 24 : **Variation de la longueur de chaine cinétique** λ **et du degré**
de polymérisation Dp le long de l'axe z du réacteur

3- *Influence du coefficient de transfert de chaleur global (U)* :

Vue l'exothermicité de cette réaction, un point chaud Tc apparut à l'entrée du réacteur qui, correspond à un maximum de température. Devant les possibilités de refroidissement à la paroi, il est nécessaire de faire varier graduellement le coefficient de transfert de chaleur global **U** qui influe sur, les profils de température adimensionnel figure 25, 26.

On observe clairement, dans certains cas, lorsqu'on diminue progressivement **U**, un phénomène d'instabilité thermique, où il existe une valeur critique du coefficient de transfert de chaleur global (**U = 0.01**) au dessous de laquelle la température **Tc** subit une augmentation très rapide. Ceci se traduit par un brutal emballement thermique du réacteur pouvant conduire à sa destruction.

Ce phénomène d'emballement est connu sous le non de sensibilité paramétrique car il marque une sensibilité particulière du comportement du réacteur à de petites variations des paramètres opératoires.

94

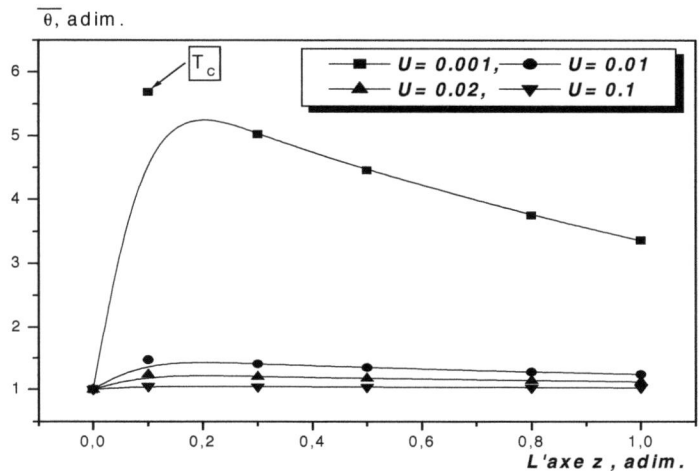

Figure 25 : Variation de la température adimensionnelle le long
de l'axe z du réacteur pour différentes valeurs de U

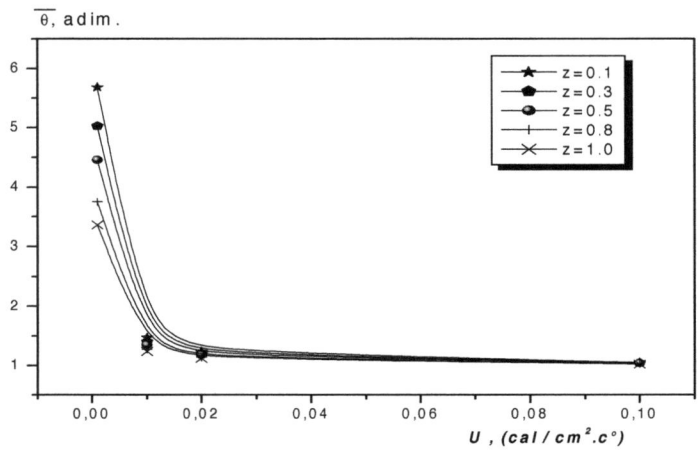

Figure 26 : Variation de la température adimensionnelle en fonction
de U pour différentes valeurs le long de l'axe z du réacteur

4- *Influence du rapport (L /D)* :

Il est évident que les données géométriques sont très importantes car, au cours de la production industrielle, toutes les opérations s'effectuent dans un réacteur ayant certaines dimensions géométriques. Dans la pratique, ces données sont désignées par le terme « dimensions principales » ; elles peuvent être ramenées à la longueur **L** et le diamètre **D** du réacteur.

Entre ces deux dimensions, on exprime la longueur (hauteur) par rapport au diamètre, qui nous donne un nombre sans dimensions, caractéristique de l'appareil désigné par (**L/D**).

La connaissance du rapport **L/D** est très importante, car à partir de sa valeur on peut connaître, par exemple le type d'écoulement (à savoir le nombre de Reynolds) et aussi la similitude qu'il faudrait alors considérer.

Si le rapport (**L /D**) augmente, le mouvement des particules devient de plus en plus ordonné, c'est à dire que la diffusion axiale est de moins en moins importante. La transition (similitude) entre un réacteur tubulaire et un réacteur piston peut donc être caractérisée par la diffusion axiale, autrement dit par l'augmentation du rapport (**L/D**). En effet, le réacteur tubulaire n'est utilisable que si le dégagement de chaleur résiduel est modéré. Dans le cas contraire, d'importantes différences radiales de température apparaîtraient. Elles seraient responsables de gradients radiaux de vitesse de polymérisation et de viscosité qui altéreraient la qualité du polymère.

Les figures 27 et 28 montrent que l'augmentation du rapport (**L/D**) favorise la diminution de la température qui, à son tour, provoque l'augmentation du taux de conversion et ceci pour chaque position Z de l'axe du réacteur. Cela nous permet de dire qu'une grande valeur du rapport (**L/D**) favorise grandement l'homogénéisation du milieu réactionnel par diffusion moléculaire, et que cette propriété rend les réacteurs tubulaires particulièrement adaptés à l'étude et la mise en œuvre de réactions fortement exothermiques.

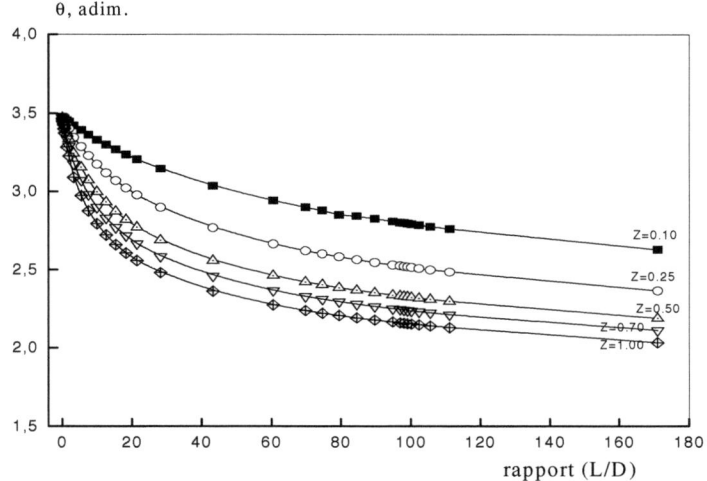

Figure 27 : Variation de la température θ en fonction du rapport (**L/D**) pour différentes positions le long de l'axe Z

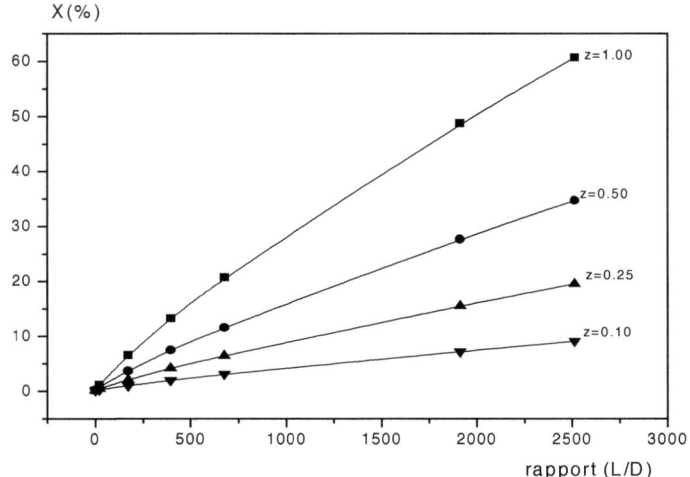

Figure 28 : Variation du taux de conversion X en fonction du rapport (**L /D**) pour différentes positions le long de l'axe Z

Tableau 1 : Conditions opératoires utilisées pour la simulation.

$L = 1390$ m	$R = 1.987$ cal.mol^{-1}.k^{-1}
$D = 0.05$ m	$T_w = 400$ k
$V_{ms} = 0.20$ m.s^{-1}	$P_t = 2250$ atm
$\rho_c = 1900$ kg.m^{-3}	$D_{eff} = 6*10^{-5}$ cm^{2}·s^{-1}
$\rho_g = 530$ kg. m^{-3}	$H_w = 19.54*10^{-3}$ cal.cm^{-2}.°C^{-1}.s^{-1}
$C_p = 0.75$ cal.g^{-1}.°C^{-1}	$\lambda_{eff} = 0.02$ w.m^{-1}.k^{-1}
$C_{A0} = 2.47*10^{-4}$ mol.l^{-1}	$\Delta H_r = -21500$ cal.mol^{-1}
$C_{M0} = 16.75$ mol.l^{-1}	$\varepsilon = 0.5$

Tableau 2: Paramètres cinétiques de la polymérisation radicalaire de l'éthylène
(AIBN à 60 °C) [5].

$K_d = 0.845*10^{-5}$ s^{-1}	$E_d = 123$ kJ.mol^{-1}
$K_p = 0.243*10^{3}$ l.mol^{-1}.s^{-1}	$E_p = 18.4$ kJ.mol^{-1}
$K_t = 54*10^{7}$ l.mol^{-1}.s^{-1}	$E_t = 1.3$ kJ.mol^{-1}

Références

[1] M. Asteasuain, S. M. Tonelli, A. Brandolin, J. A. Bandoni, "Dynamic simulation and optimisation of tubular polymerisation reactors in gPROMS", Comp. and Chem. Eng. 25(**2001**) 509-515

[2] D. M Kim, P. D. Iedema, « Molecular weight distribution in low-density polyethylene Polymerization: impact of scission mechanisms in the case of a tubular reactor" *Chem. Eng. Sci.* 59(**2004**) 2039-2052

[3] D. M. Kim, M. Busch, H. C. J. Hoefsloot, P. D. Iedema, « Molecular weight distribution modeling in low-density polyethylene polymerization : impact of scission mechanisms in the case CSTR" *Chem. Eng. Sci.* 59(**2004**) 699-718

[4] S. Agrawal and C. D. Han, "Analysis of the High Pressure Polyethylene Tubular Reactor With Axial Mixing"*AICHE J.* 21(**1974**) P.449

[5] G. ODIAN, "Principles of polymerization", 4th ed., Wiley: New York (**2004**) P.293

[6] J. HORAK, J. PASEK, « conception des réacteurs chimiques industriels sur la base des données de laboratoire », Eyrolles , Paris, **1981**.

[7] Y. Ogo, J. Macromol. Sci. Rev. Macromol. Chem. Phys., C24, 1 (**1984**).

[8] K. E. Weale, 'The Influence of Pressure on Polymerization Reactions,'' Chap. 6 in Reactivity, Mechanism and Structure in Polymer Chemistry, A. D. Jenkins and A. Ledwith, eds.,Wiley-Interscience, NewYork, **1974**.

[9] N. L. Zutty, and R. D. Burkhart, "Polymer Synthesis at High Pressures," Chap. 3 in Polymerization and Polycondensation Processes, N. A. J. Platzker, ed., American Chemical Society, Van Nostrand Reinhold, New York, **1962**.

[10] P. W. Moore, F. W. Ayscough, and J. G. Clouston, J. Polym. Sci. Polym. Chem. Ed., 15, 1291 (**1977**).

[11] M. Buback and H. Lendle, "The chemically initiated high pressure polymerization of ethylene", Makromol. Chem., vol.184, (**1983**) 193-206.

Conclusion

Conclusion

Tenant compte de l'ensemble des résultats obtenus, nous observons que :

➤ La mesure des températures, des pressions et des dimensions principales du réacteur,   est tout particulièrement importante pour garantir les performances et contrôler le bon fonctionnement des opérations en cours.

➤ La formulation du modèle bidimensionnel, et le développement des programmes de calcul appropriés, nous a permis de comprendre beaucoup plus l'évolution de la température et du taux de conversion lors d'une réaction de synthèse du polyéthylène basse densité dans un réacteur chimique tubulaire.

➤ Le modèle proposé (bidimensionnel) et la méthode de résolution (Runge-Kutta semi- implicite de $4^{\text{ème}}$ ordre) appliqués au processus de la polymérisation du PEBD, permettent d'obtenir et de prévoir l'influence de la température initiale T_0, de la pression totale P_t et du rapport L/D sur les profils des températures et des taux de conversion dans un réacteur chimique tubulaire en régime permanent.

Le modèle proposé ainsi que la méthode de résolution, sont suffisamment généraux pour s'appliquer à de nombreuses réactions chimiques industrielles et permettent d'étudier et de comparer les profils pour différentes conditions de fonctionnement du réacteur. Ils semblent donc être en mesure de prédire, avec une assez bonne précision, le comportement du réacteur en question.

Nomenclature

Nomenclature

A_r: section radiale

A_z: section axiale

Bi_β : nombre de Biot à la paroi du réacteur

Bi_M: nombre de Biot matériel

C_A : concentration du constituant A [mol-m^{-3}]

C_e, C_s : concentration du réactif au sein du fluide, du solide

C_i : concentration de la composante i

C_i^0 : concentration initiale de la composante i [mol. l^{-1}]

$\overline{C}_i$: concentration moyenne de la composante i

Cp : chaleur spécifique à pression constante [J. Kg^{-1}. K^{-1}]

Cp_G, Cp_s : chaleur spécifique à pression constante pour gaz, solide [J. Kg^{-1}. K^{-1}]

d : diamètre de l'élément considéré [m]

D : diamètre du réacteur [m]

D_{eff} : diffusivilc effective [m^2. s^{-1}]

D_A : coefficient de diffusion du constituant A [m^2. s^{-1}]

E : énergie d'activation [J.mol^{-1}]

f_e : fraction de résistance externe

F : débit volumique [m^3.s^{-1}]

G ; débit massique |Kg.s^{-1}|

h_w : coefficient du transfert de chaleur à la paroi [W. m^{-2}. K^{-1}]

h : le pas (h = x_{n+1} - x_n)

I : matrice unitaire

$(I) = C_I$: concentration de l'initiateur

J_A: flux convectif de masse |mol. m^{-2} .s^{-1}|

J_T : flux de chaleur [W. m^{-2}]

$\mathfrak{I}_A$: flux total de matière ($\mathfrak{I}_H = \mathbf{J_A} + j_A$)

$\mathfrak{I}_T$: flux total de chaleur

$\mathfrak{I}_H$: densité du flux thermique

$J_{A,Diff}$: flux *de* diffusion du constituant A   [mol. $m^{-2}.S^{-1}$]

K_D : conductance de transfert de matière externe   [m $.s^{-1}$]

K_p : constante de vitesse de propagation [l mol^{-1}. S^{-1}]

K_d : constante de vitesse de décomposition [S^{-1}]

K_a : constante de vitesse d'amorçage [S^{-1}]

K_t : constante de vitesse de terminaison [l mol^{-1}. S^{-1}]

K_{tc} : constante de vitesse de terminaison par combinaison [l mol^{-1}. S^{-1}]

K_{td} : constante de vitesse de terminaison par dismutation [l mol^{-1}. S^{-1}]

L : longueur du réacteur [m]

L : dimension caractéristique du grain

L_{N-1} (x) : polynôme de Lagrange d'ordre N-1

m : la masse [Kg]

M : le monomère

(M) = C_M : concentration du monomère M [mol. l^{-1}]

M^* : radical du monomère M

N : degré du polynôme

$P_N^{(\alpha,\beta)}(X)$: Polynôme orthogonal

P_t : pression totale [atm]

P_i : pression partielle [atm]

Pe : nombre de Peclet

Pe_{mr} : nombre de Peclei matière radiale

Pe_{hr} : nombre de Peclet chaleur radiale

Pr : nombre de Prandtl

r : distance radiale [m]

$\overline{r}$: vitesse moyenne ou apparente

R : constante des gaz parfaits (R = 8.314 [J. mol^{-1}.k^{-1}])

R_i : vitesse de la réaction [mol. Kg^{-1}.s^{-1}]

Re : nombre de Reynolds

S_{lat} : surface latérale [m^2]

t : le temps [s]

T : la température [K]

T_0 : température initiale [K]

Tw : température à la paroi [K]

$\overline{T}$: la température moyenne [K]

Te , T_s : température du fluide, du solide [K]

Vs: volume du catalyseur (solide)

V_G : volume du gaz

V: volume total du réacteur

$(V_i = R_i)$: vitesse d'initiation

$(Vp = Rp)$: vitesse de propagation

v : vitesse d'écoulement [m. s^{-1}]

$\overline{v}$: vitesse moyenne ($\overline{v}_z = \sum\limits_{i=1}^{N} v_i \bullet C_i / \sum\limits_{i=1}^{N} C_i$)

$\overline{v}_r , \overline{v}_z$: vitesse moyenne radiale, axiale

V_{sm} : vitesse superficielle massique [Kg. s^{-1}. m^{-2}]

X : la conversion [%]

X^{mono} : taux de conversion pour le monodimensionnel

$\overline{X} = \overline{Y}_i\,(Z) = \int_0^1 [f(x) \bullet Y_i\,(z, x) \bullet dx$: taux de conversion moyenne calculé à partir du Bidimensionnel

Y : distance radiale adimensionnelle

z : distance axiale adimensionnelle

Z : distance axiale [m]

Symboles grecs

λp : conductivité thermique à la paroi [W. m^{-1}. K^{-1}]

λ_{eff} : conductivité thermique effective [W. m^{-1}. K^{-1}]

λ°_{eff} : conductivité thermique effective à $\bar{v}_z = 0$

ρ : masse spécifique [Kg. m^{-3}]

ρ_s : densité volumique du catalyseur ($\rho_s = m / V_s$) [Kg. m^{-3}]

ρ_G: densité volumique du gaz [Kg. m^{-3}]

ρ_a : densité apparente ($\rho_a = m / V$) [Kg. m^{-3}]

ε. : la porosité

Ψi: concentration adimensionnelle

v_i : coefficient stœchiométrique

θ : température adimensionnelle

$\theta w = Tw / T_0$: température adimensionnelle à la paroi.

θ^{mono} : température adimensionnelle pour le modèle monodimensionnel

ΔH_r^0 : chaleur libérée lors de la réaction [J. mol^{-1}]

Liste des Abréviations

PEBD : polyéthylène basse densité

PEHD : polyéthylène haute densité

AIBN : azobisisobutyronitrile

POB : peroxyde de benzoyle

Annexe - A

A.I

$$fe = \frac{1 - Cs}{Ce} = \frac{\bar{r} \cdot L}{K_D \cdot Ce} \quad , \quad \text{la fraction de résistance externe}$$

$$\varnothing's = \frac{\bar{r} \cdot L^2}{D_{eff} \cdot Cs} = \frac{fe \cdot B_{iM}}{1 - fe} \quad , \quad \text{critère de Thiele modofié par Weizz}$$

A.II

Formulation mathématique

Généralement le système hétérogène composé de particules solides et de gaz comme réactant est traité comme s'il était homogène [1]. On suppose, en contradiction avec la structure réelle du lit fixe, que toutes les quantités et variables dépendantes (température et concentration de tous les composants) varient uniformément à travers le lit [2, 3].

I- Modèles monodimensionnels :

Dans un fluide où les températures et les concentrations ne sont pas uniformes, les flux de masse ou de chaleur obéissent à des équations de bilan exprimant la concentration de la masse ou de l'énergie dans un élément de fluide.

Pour calculer les bilans de matière et de chaleur, considérons la forme suivante:

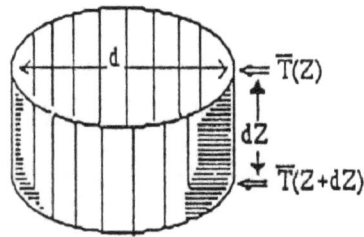

Schéma 6 : Volume élémentaire de notre réacteur
(Cas monodimensionnel)

En supposant qu'on peut remplacer les profils de concentrations et des températures par les valeurs moyennes, c'est à dire par les constantes dans la section fixée, on peut développer les équations correspondant aux modèles monodimensionnels.

1) Bilan de matière

$$F.\overline{C}_{i(z)} + R_i.dV.\rho_s = F.\overline{C}_{i(z+dz)} \qquad (1)$$

$$F[\overline{C}_{i(z+dz)} + \overline{C}_{i(z)}] = R_i.dV.\rho_s \qquad (2)$$

d' où : $\quad dV = S \, . \, dV$; S : est la section

donc :

$$F\left[\frac{\overline{C}_{i(z+dz)} + \overline{C}_{i(z)}}{dZ}\right] = R_i.S.\rho_s \qquad (3)$$

$$\frac{d\overline{C}_i}{dZ} = \frac{S.\rho_s}{F}.R_i = \frac{S.\rho_s.v_i}{F}.R \qquad (4)$$

2) Bilan de chaleur

$$G.Cp.\overline{T}_{(z)} + R_i.\rho_s dV(-\Delta H_r) - h_w(\overline{T} - T_w).S_{lat} = G.Cp.\overline{T}_{(z+dz)} \qquad (5)$$

avec $\qquad S_{lat} = 2\,\pi\,.\,\frac{d}{2}.dz$

et $\qquad dv = s \, . \, dz$

donc :

$$G.Cp.\overline{T}_{(z)} + R_i.\rho_s dV(-\Delta H_r) - h_w(\overline{T} - T_w).\pi.d.dz = G.Cp.\overline{T}_{(z+dz)} \qquad (6)$$

$$G.Cp.\left[\frac{\overline{T}_{(z+dz)} - \overline{T}_{(z)}}{dz}\right] = -h_w(\overline{T} - T_w).\pi.d + R_i.\rho_s.S.(-\Delta H_r) \qquad (7)$$

$$\Rightarrow \quad \boxed{\frac{d\overline{T}}{dz} = -\frac{\pi.\,d}{G.Cp}.h_w(\overline{T} - T_w) + \frac{\rho_g.\,S.\,(-\Delta H_r).v_i}{G.Cp}.R} \qquad (8)$$

3) *La forme adimensionnelle*

Pour obtenir la solution des équations différentielles sous la forme compacte, il faut transformer ces équations en tonne adimensionnelle.

posons:

$$z = \frac{Z}{L} \; ; \quad \Psi_i = \frac{\overline{C}_i}{C_i^0} \; ; \quad \theta = \frac{\overline{T}}{T_0}$$

z, Ψ_i, θ sont des nombres adimensionnels.

$$\frac{d\overline{C}_i}{dz} = \frac{d}{dz}(C_i^0, \Psi_i) = C_i^0.\frac{d\Psi_i}{dz} = \frac{C_i^0}{L}.\frac{d\Psi_i}{dz} \qquad \rightarrow \quad (a)$$

$$\left.\begin{array}{c} \dfrac{d\overline{T}}{dz} = \dfrac{d}{dz}(T_0, \theta) = T_0\dfrac{d\theta}{dz} = \dfrac{T_0}{L}.\dfrac{d\theta}{dz} \\[2mm] \overline{T} - T_w = T_0\left(\theta - \dfrac{T_w}{T_0}\right) \end{array}\right\} \qquad \rightarrow \quad (b)$$

En remplaçant (a) et (b) dans (4) et (8) respectivement, on obtient:

$$\frac{d\Psi_i}{dz} = \frac{S.\,L.\rho_g.v_i}{C_i^0.F}.R \qquad (9)$$

$$\frac{d\theta}{dz} = -\frac{\pi.\,d.\,L}{G.\,Cp}h_w.\left(\theta - \frac{T_w}{T_0}\right) + \frac{S.\,L.\rho_g.v_i}{G.\,Cp.\,T_0}.(-\Delta H_r).R \qquad (10)$$

II- Modèles bidimensionnels :

On considère un élément de volume sous forme d'un anneau annulaire (Schéma 4 et 5) et on essaye de trouver les bilans, matière et chaleur, qui constituent des équations décrivant le comportement du réacteur.

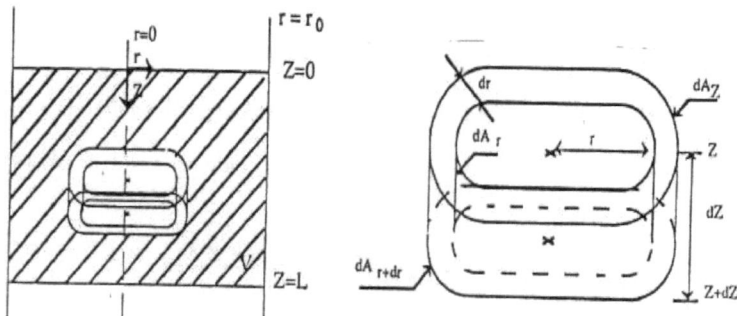

Schéma 4 : Réacteur catalytique à lit fixe   **Schéma 5** : Volume élémentaire
(Cas bidimensionnel)

1) *Bilan de matière*

Le bilan de matière pour la composante i de notre élément de volume est calculé de la manière suivante:

le nombre de moles à l'instant (t + dt) = le nombre de moles à l'instant (t) + la variation du nombre de moles suivant Z. r (bidirectionnel) + la production.

donc:

$$(C_i. dv.\varepsilon)_{t+dt} = (C_i. dv.\varepsilon)_t + \mathfrak{J}_{i,z}. dA_z.\varepsilon. dt - \mathfrak{J}_{i,z+dz}. dA_{z+dz}.\varepsilon. dt$$
$$+ \mathfrak{J}_{i,r}. dA_r.\varepsilon. dt - \mathfrak{J}_{i,r+dr}. dA_{r+dr}.\varepsilon. dt + R_i. dv_s. \rho_s. dt \quad \bigg\} \quad (11)$$

où
$$\varepsilon = \frac{V_G}{v} = 1 - \frac{\rho_a}{\rho_S}$$

si on considère que le volume total du réacteur est V

$$\Longrightarrow \qquad \varepsilon = V_G + V_S$$

$$dV = dV_G + dV_S \implies dV_S = dV - dV_G \qquad \rightarrow \quad (*)$$

$$\varepsilon = \frac{dV_G}{dV} \implies dV_G = \varepsilon\,.\,dV \xrightarrow{\hspace{3cm}} (**)$$

(**) dans (*) $\Longrightarrow dV_S = (1 - \varepsilon)\,.\,dV \xrightarrow{\hspace{2.5cm}} (***)$

on a $\qquad dV = 2.\pi.r\,.\,dr\,.\,dZ$

$$\Longrightarrow \quad \left\{ \begin{array}{l} dA_r = 2.\pi.r\,.\,dZ \\ dA_{r+dr} = 2.\pi.(r + dr)\,.\,dZ \\ dA_z = dA_{z+dz} = 2.\pi.r\,.\,dr \end{array} \right\} \xrightarrow{\hspace{2cm}} \boxed{a}$$

En remplaçant (***) et $\boxed{a}$ dans (11) on obtient :

$$\varepsilon = \left[\frac{(C_i)_{t+dt} - (C_i)_t}{dt} \right] = \varepsilon\,. \left\{ \left[\frac{\mathcal{J}_{i,z}.dA_z - \mathcal{J}_{i,z+dz}.dA_{z+dz}}{dV} \right] + \varepsilon\, \left[\frac{\mathcal{J}_{i,r}.dA_r - \mathcal{J}_{i,r+dr}.dA_{r+dr}}{dV} \right] \right\} \qquad (12)$$
$$+v_i.(1 - \varepsilon).\rho_s.R$$

par définition on a:

$$\frac{X_{t+dt} - X_t}{dt} = \frac{\partial X}{\partial t}$$

$$\implies \varepsilon\,.\frac{\partial C_i}{\partial t} = -\varepsilon\,.\frac{\partial \mathcal{J}_{i,z}}{\partial z} - \varepsilon\,.\frac{(\mathcal{J}_{i,r}.dA_r)}{dV} + (1 - \varepsilon).\,\rho_s.v_i.R \qquad (13)$$

$$\frac{\partial C_i}{\partial t} = -\frac{\partial \mathcal{J}_{i,z}}{\partial z} - \frac{1}{r}.\frac{\partial(r.\mathcal{J}_{i,r})}{\partial r} + \left(\frac{(1 - \varepsilon)}{\varepsilon} \right).\rho_s.v_i.R \qquad (14)$$

Généralement, la densité du flux de la composante i est définie sous la forme:

$$\mathcal{J}_i = \bar{v}.C_i + J_{D_i}$$

donc

$$\begin{cases} \mathcal{J}_{i,z} = \overline{v}_z \cdot C_i \cdot D_{i,Z_{eff}} \cdot \dfrac{\partial C_i}{\partial z} \\ \mathcal{J}_{i,r} = \overline{v}_r \cdot C_i \cdot D_{i,r_{eff}} \cdot \dfrac{\partial C_i}{\partial r} \end{cases} \qquad (15)$$

En remplaçant (15) dans (14)

$$\Rightarrow \frac{\partial C_i}{\partial t} = \left. -\frac{\partial(\overline{v}_z \cdot C_i)}{\partial Z} + D_{i,Z_{eff}} \cdot \frac{\partial^2 C_i}{\partial Z^2} - \frac{1}{r} \cdot \frac{\partial}{\partial r}[r \cdot \overline{v}_r \cdot C_i - r \cdot D_{i,r_{eff}} \cdot \frac{\partial C_i}{\partial r}] + \atop + \left(\frac{1-\varepsilon}{\varepsilon}\right) \cdot \rho_g \cdot v_i \cdot R \right\} \quad (16)$$

La vitesse radiale $\overline{v}_r$ est nulle et $D_{i,Z_{eff}}$ axial et $D_{i,r_{eff}}$ radial (coefficient de diffusion) sont supposés indépendants de la position.

$$\Rightarrow \frac{\partial C_i}{\partial t} = -\frac{\partial(\overline{v}_z \cdot C_i)}{\partial Z} + D_{i,Z_{eff}} \cdot \frac{\partial^2 C_i}{\partial Z^2} + \frac{D_{i,r_{eff}}}{r} \cdot \frac{\partial}{\partial r}\left(r \cdot \frac{\partial C_i}{\partial t}\right) + \left(\frac{1-\varepsilon}{\varepsilon}\right) \cdot \rho_g \cdot v_i \cdot R \qquad (17)$$

$$i = 1, 2, 3, \dots N$$

2) Bilan d'énergie

La température de la réaction est un paramètre fondamental, à partir duquel on déduit la plupart des autres paramètres de la réaction tels que : la pression, la composition du mélange et la géométrie du réacteur. Elle détermine aussi le rendement du réacteur et la sélectivité du procédé en raison de son influence sur l'équilibre et sur la vitesse de réaction chimique [4].

Ce bilan est calculé de façon que le modèle est pseudo-homogène, c'est-à-dire que la couche catalytique se comporte comme un milieu continu.

$$\left. \begin{aligned} &[\varepsilon \cdot \rho_G \cdot C_{p_G} \cdot T \cdot dV + \rho_g C_{p_g} \cdot T \cdot dV_s]_{t+dt} = \\ &= [\varepsilon \cdot \rho_G \cdot C_{p_G} \cdot T \cdot dV + \rho_s \cdot C_{p_s} \cdot T \cdot dV_s]_t + \mathcal{J}_{H,z} \cdot dA_z \cdot dt - \mathcal{J}_{Hz+dz} \cdot dA_{z+dz} \cdot dt + \\ &+ \mathcal{J}_{H,r} \cdot dA_r \cdot dt - \mathcal{J}_{H,r+dr} \cdot dA_{r+dr} \cdot dt + R_i \cdot \rho_s \cdot (-\Delta H_r) \cdot dV_s \cdot dt \end{aligned} \right\} (18)$$

d'où

$$dV_s = (1-\varepsilon).dV$$

$$\Rightarrow \left\{ \left[\varepsilon.\rho_G.C_{P_G} + (1-\varepsilon).\rho_s.C_{P_s}. \right]T \right\}_{t+dt}.dV = \\ = \left\{ \left[\varepsilon.\rho_G.C_{P_G} + (1-\varepsilon).\rho_s.C_{P_s}. \right]T \right\}_t.dV + \mathcal{I}_{H,z}.dA_z.dt - \mathcal{I}_{H,z+dz}.dA_{z+dz}.dt + \\ + \mathcal{I}_{H,r}.dA_r.dt - \mathcal{I}_{H,r+dr}.dA_{r+dr}.dt + (1-\varepsilon).\rho_s.v_i.R.(-\Delta H_r).dV_s.dt \quad (19)$$

$$\frac{\left\{ \left[\varepsilon.\rho_G.C_{P_G} + (1-\varepsilon).\rho_s.C_{P_s}. \right]T \right\}_{t+dt} - \left\{ \left[\varepsilon.\rho_G.C_{P_G} + (1-\varepsilon).\rho_s.C_{P_s}. \right]T \right\}_t}{dt} = \\ = \frac{\mathcal{I}_{H,z}.dA_z - \mathcal{I}_{H,z+dz}.dA_{z+dz}}{dV} + \frac{\mathcal{I}_{H,r}.dA_r - \mathcal{I}_{H,r+dr}.dA_{r+dr}}{dV} + (1-\varepsilon).\rho_s.v_i.R.(-\Delta H_r) \quad (20)$$

$$\left[\varepsilon.\rho_G.C_{P_G} + (1-\varepsilon).\rho_s.C_{P_s} \right].\frac{\partial T}{\partial t} = -\frac{\partial \mathcal{I}_{H,z}}{\partial Z} - \frac{1}{r}.\frac{\partial(r.\mathcal{I}_{H,r})}{\partial r} + (1-\varepsilon).\rho_s.v_i.R.(-\Delta H_r) \quad (21)$$

La densité du flux thermique, $\mathcal{I}_H$ est donné par les relations:

$$\begin{cases} \mathcal{I}_{H,r} = \bar{v}_r.\rho_G.C_{P_s}.T - \lambda_{eff.r}.\dfrac{\partial T}{\partial r} \\ \mathcal{I}_{H,z} = \bar{v}_z.\rho_G.C_{P_s}.T - \lambda_{eff.z}.\dfrac{\partial T}{\partial Z} \end{cases} \quad (22)$$

En remplaçant (22) dans (21), on obtient avec la condition $\bar{v}_r \ll \bar{v}_z$ la relation suivante:

$$\left[\varepsilon.\rho_G.C_{P_G} + (1-\varepsilon).\rho_s.C_{P_s} \right].\frac{\partial T}{\partial t} = \lambda_{eff.z}.\frac{\partial^2 T}{\partial Z^2} - \bar{v}_z.\rho_G.C_{P_G}\frac{\partial T}{\partial Z} + \\ + \lambda_{eff.r}.\frac{1}{r}.\frac{\partial}{\partial r}\left(r.\frac{\partial T}{\partial r} \right) + (1-\varepsilon).\rho_s.v_i.R.(-\Delta H_r) \quad (23)$$

avec les conditions aux limites suivantes:

$$Z = 0 \implies C_i(Z=0,r) = C_i^0 \quad , \quad T(Z=0,r) = T_0$$

$$\forall(Z,r=0) \implies \frac{\partial C_i}{\partial r} = \frac{\partial T}{\partial r} = 0$$

$$r = r_0 \implies D_{i,eff} \cdot \frac{\partial C_i}{\partial r} = 0 \quad \longrightarrow \quad \frac{\partial C_i}{\partial r} = 0$$

$$-\lambda_{eff.r} \cdot \frac{\partial T}{\partial r} = h_W \left(\overline{T} - T_W \right)$$

3) La forme adimensionnelle

Pour obtenir la solution des équations différentielles (17) et (23) sous la forme compacte, il faut les transformer en forme adimensionnelle.

posons
$$z = \frac{z}{L} \, , \qquad y = \frac{r}{r_0}$$

$$\Psi_i = \frac{C_i}{C_i^0} \, , \qquad \theta = \frac{T}{T_0}$$

$$\frac{\partial C_i}{\partial t} = \frac{\partial}{\partial t} \left(C_i^0 , \Psi_i \right) = C_i^0 \cdot \frac{\partial \Psi_i}{\partial t}$$

$$\frac{\partial C_i}{\partial z} = \frac{\partial}{\partial z} \left(C_i^0 , \Psi_i \right) = C_i^0 \cdot \frac{\partial \Psi_i}{\partial z} = \frac{C_i^0}{L} \cdot \frac{\partial \Psi_i}{\partial z}$$

$$\frac{\partial^2 C_i}{\partial Z^2} = \frac{\partial}{\partial z} \left(\frac{\partial C_i}{\partial Z} \right) = \frac{\partial}{\partial z} \left(\frac{C_i^0}{L} \cdot \frac{\partial \Psi_i}{\partial z} \right) = \frac{C_i^0}{L^2} \cdot \frac{\partial^2 \Psi_i}{\partial Z^2}$$

$$\frac{\partial C_i}{\partial r} = \frac{\partial}{\partial r} \left(C_i^0 , \Psi_i \right) = C_i^0 \cdot \frac{\partial \Psi_i}{\partial r} = \frac{C_i^0}{r_0} \cdot \frac{\partial \Psi_i}{\partial y}$$

$$r \cdot \frac{\partial C_i}{\partial r} = C_i^0 \cdot y \cdot \frac{\partial \Psi_i}{\partial y}$$

$$\frac{\partial}{\partial r} \left(r \cdot \frac{\partial C_i}{\partial r} \right) = \frac{\partial}{\partial r} \left(C_i^0 \cdot y \cdot \frac{\partial \Psi_i}{\partial y} \right) = \frac{C_i^0}{r_0} \cdot \frac{\partial}{\partial y} \left(y \cdot \frac{\partial \Psi_i}{\partial y} \right)$$

$$\frac{1}{r} \cdot \frac{\partial}{\partial r} \left(r \cdot \frac{\partial C_i}{\partial r} \right) = \frac{C_i^0}{r_0^2 \cdot y} \cdot \frac{\partial}{\partial y} \left(y \cdot \frac{\partial \Psi_i}{\partial y} \right)$$

b

114

$$\frac{\partial T}{\partial t} = \frac{\partial}{\partial t}(T_0, \theta) = T_0 \cdot \frac{\partial \theta}{\partial t}$$

$$\frac{\partial T}{\partial Z} = \frac{\partial}{\partial Z}(T_0, \theta) = T_0 \cdot \frac{\partial \theta}{\partial Z} = \frac{T_0}{L} \cdot \frac{\partial \theta}{\partial z}$$

$$\frac{\partial^2 T}{\partial Z^2} = \frac{\partial}{\partial Z}\left(\frac{\partial T}{\partial Z}\right) = \frac{\partial}{\partial Z}\left(\frac{T_0}{L} \cdot \frac{\partial \theta}{\partial z}\right) = \frac{T_0}{L^2} \cdot \frac{\partial \theta^2}{\partial z^2}$$

$$\frac{\partial T}{\partial r} = \frac{\partial}{\partial r}(T_0, \theta) = T_0 \cdot \frac{\partial \theta}{\partial r} = \frac{T_0}{r_0} \cdot \frac{\partial \theta}{\partial y}$$

$$r \cdot \frac{\partial T}{\partial r} = T_0 \cdot y \cdot \frac{\partial \theta}{\partial y}$$

$$\frac{\partial}{\partial r}\left(r \cdot \frac{\partial T}{\partial r}\right) = \frac{\partial}{\partial r}\left(T_0 \cdot y \cdot \frac{\partial \theta}{\partial y}\right) = \frac{T_0}{r_0} \cdot \frac{\partial}{\partial y}\left(y \cdot \frac{\partial \theta}{\partial y}\right)$$

$$\frac{1}{r} \cdot \frac{\partial}{\partial r}\left(r \cdot \frac{\partial T}{\partial r}\right) = \frac{T_0}{r_0^2} \cdot \frac{1}{y} \cdot \frac{\partial}{\partial y}\left(y \cdot \frac{\partial \theta}{\partial y}\right)$$

$$\boxed{c}$$

En remplaçant b et c dans (25) et (31) respectivement, on obtient:

$$\frac{\partial \Psi_i}{\partial t} = -\frac{\bar{v}z}{L} \cdot \frac{\partial \Psi_i}{\partial z} + \frac{D_{i,Z_{en}}}{L^2} \cdot \frac{\partial^2 \Psi_i}{\partial Z^2} + \frac{D_{i,r_{en}}}{r_0{}^2} \cdot \left[\frac{\partial^2 \Psi_i}{\partial y^2} + \frac{1}{Y} \cdot \frac{\partial \Psi_i}{\partial y}\right] + \frac{\rho_s \cdot v_i}{C_i^0}\left(\frac{1-\varepsilon}{\varepsilon}\right) \cdot R \qquad (24)$$

$$[\varepsilon \cdot \rho_G \cdot Cp_G + (1-\varepsilon) \cdot \rho_s \cdot Cp_s] \cdot T_0 \frac{\partial \theta}{\partial t} = \lambda_{eff.z} \cdot \frac{T_0}{L^2}\frac{\partial^2 \theta}{\partial Z^2} - \bar{v}_z \cdot \rho_G \cdot Cp_{PG} \cdot \frac{T_0}{L} \cdot \frac{\partial \theta}{\partial z} +$$

$$\lambda_{eff.r} \cdot \frac{T_0}{r_0{}^2} \cdot \left[\frac{\partial^2 \theta}{\partial Z^2} + \frac{1}{Y} \cdot \frac{\partial \theta}{\partial y}\right] + (1-\varepsilon) \cdot \rho_s \cdot v_i \cdot R \cdot (-\Delta H_r) \qquad (25)$$

Avec les conditions aux limites suivantes:

$$Z = 0 \quad \Rightarrow \quad \Psi = \Psi^0, \quad \theta = \theta^0$$

$$\forall(z, y = 0) \quad \Rightarrow \quad \frac{\partial \Psi_i}{\partial y} = \frac{\partial \theta}{\partial y} = 0$$

$$y = \frac{r}{r_0} = 1 \quad \Rightarrow \quad \frac{\partial C_i}{\partial r} = \frac{C_i^0}{r_0} \cdot \frac{\partial \Psi_i}{\partial y} = 0 \quad \rightarrow \quad \frac{\partial \Psi_i}{\partial y} = 0$$

$$-\lambda_{eff.,r} \cdot \frac{T_0}{r_0} \cdot \frac{\partial \theta}{\partial y} = -h_W . T_0 . (\theta_W - \theta)$$

$$-\frac{\partial \theta}{\partial y} = -\frac{h_W . T_0 r_0}{\lambda_{eff.,r} T_0.} \cdot (\theta_W - \theta) = -B_{i_\theta} . (\theta_W - \theta)$$

avec :
$$\theta_W = \frac{T_W}{T_0}$$

La solution numérique des équations différentielles ordinaires (E.D.O.) aux valeurs initiales et limites a toujours été intéressante pour les spécialistes de génie des procédés durant de nombreuses années. Pour cette raison ils ont développé quelques nouvelles et intéressantes méthodes comme celles de Runge-Kutta [5 - 8] et celle de la collocation orthogonale [9 - 11] qui sont parmi les méthodes les plus utilisées.

La comparaison entre ces deux techniques, méthodes de Runge-Kutta et collocation orthogonale, a été faite pour la résolution des équations différentielles ordinaires aux valeurs initiales. Les méthodes de Runge-Kutta semblent être meilleures pour certaines E.D.O. aux valeurs initiales, mais c'est le contraire pour les E.D.O. aux valeurs limites [12].

Les méthodes numériques pour la résolution des équations des modèles mathématiques (24) et (25) nécessitent l'application des hypothèses suivantes :

> si le régime de fonctionnement est stationnaire $\left(\frac{\partial \Psi_i}{\partial t} = \frac{\partial \theta}{\partial t} = 0\right)$,

> et si les dispensions axiales, massiques et thermiques sont supposées négligeables $\left(\frac{\partial^2 \Psi_i}{\partial z^2} = \frac{\partial^2 \theta}{\partial z^2} = 0\right)$,

nos modèles se réduit et deviennent :

$$\frac{\partial \Psi_i}{\partial z} = \frac{D_{eff.r} \cdot L}{r_0^2 \cdot \overline{v}z} \cdot \left[\frac{\partial^2 \Psi_i}{\partial y^2} + \frac{1}{Y} \cdot \frac{\partial \Psi_i}{\partial y}\right] + \frac{L \cdot \rho_s \cdot v_i}{C_i^0 \cdot \overline{v}z} \left(\frac{1-\varepsilon}{\varepsilon}\right) \cdot R \qquad (26)$$

$$\frac{\partial \theta}{\partial z} = \frac{\lambda_{eff.r} \cdot L}{r_0^2 \cdot \overline{v}z \cdot \rho_G \cdot C_{P_G}} \cdot \left[\frac{\partial^2 \theta}{\partial y^2} + \frac{1}{Y} \cdot \frac{\partial \theta}{\partial y}\right] + \frac{L \cdot \rho_s \cdot v_i}{T_0 \cdot \overline{v}z \cdot \rho_G \cdot C_{P_G}} (1-\varepsilon)(-\Delta H_r) \cdot R \qquad (27)$$

et si on introduit le nombre de **peclet** adimensionnel, alors

$$\frac{\partial \Psi_i}{\partial z} = \frac{L^2}{Pe_{mr} \cdot r_0^2} \cdot \left[\frac{\partial^2 \Psi_i}{\partial y^2} + \frac{1}{Y} \cdot \frac{\partial \Psi_i}{\partial y}\right] + \frac{L \cdot \rho_s \cdot v_i}{C_i^0 \cdot \overline{v}z} \left(\frac{1-\varepsilon}{\varepsilon}\right) \cdot R \qquad (28)$$

$$\frac{\partial \theta}{\partial z} = \frac{L^2}{Pe_{hr} \cdot r_0^2} \cdot \left[\frac{\partial^2 \theta}{\partial y^2} + \frac{1}{Y} \cdot \frac{\partial \theta}{\partial y}\right] + \frac{L \cdot \rho_s \cdot v_i}{T_0 \cdot \overline{v}z \cdot \rho_G \cdot C_{P_G}} (1-\varepsilon)(-\Delta H_r) \cdot R \qquad (29)$$

on peut réécrire les équations (28) et (29) comme suit :

$$\frac{\partial \Psi_i}{\partial z} = a_{12} \cdot \left[\frac{\partial^2 \Psi_i}{\partial y^2} + \frac{1}{Y} \cdot \frac{\partial \Psi_i}{\partial y}\right] + b_{12} \cdot R(\theta_i; \Psi_i) \qquad (30)$$

$$\frac{\partial \theta}{\partial z} = a_{12} \cdot \left[\frac{\partial^2 \theta}{\partial y^2} + \frac{1}{Y} \cdot \frac{\partial \theta}{\partial y}\right] + b_{22} \cdot R(\theta_i; \Psi_i) \qquad (31)$$

où :

$$a_{12} = \frac{L^2}{Pe_{mr}.r_0^2} \quad ; \quad Pe_{mr} = \frac{\bar{v}_z.L}{D_{eff,r}}$$

$$a_{22} = \frac{L^2}{Pe_{hr}.r_0^2} \quad ; \quad Pe_{hr} = \frac{\bar{v}_z.L.\rho_G.C_{P_G}}{\lambda_{eff,r}}$$

$$b_{12} = \frac{L.\rho_s.v_i}{C_i^0.\bar{v}_z}.\frac{(1-\varepsilon)}{\varepsilon} \quad ; \quad b_{22} = \frac{L.\rho_s.v_i}{T_0.\bar{v}_z.\rho_G.C_{P_G}}(1-\varepsilon).(-\Delta H_r)$$

Les équations (30) et (31) forment un système aux dérivées partielles paraboliques, d'où la grande difficulté de résolution; alors on utilise avantageusement la méthode de collocation qui postule une forme simple pour les profils radiaux.

III- Méthode des collocations orthogonales :

Les modèles conduisant aux équations différentielles partielles paraboliques sont fréquemment rencontrés dans les problèmes de génie chimique [7]. Villadsen [10], Ferguson et Finlayson [9], ensuite Finlayson [11], ont proposé une méthode efficace qui consiste en la collocation orthogonale comme méthode alternative pour la discrétisation des coordonnées spatiales.

Cette méthode, aussi appelée occasionnellement dans la littérature la méthode d'interpolation [13], est un moyen général très puissant pour résoudre efficacement certains types d'équations différentielles et intégrales [12].

La discrétisation par collocation est probablement beaucoup plus efficace pour certains problèmes, elle paraît avantageuse pour les problèmes à grand nombre de variables dépendantes [7, 9, 10, 14].

Revenons maintenant à nos modèles et prenons l'équation (30) comme référence, elle est sous la forme:

$$\frac{\partial \Psi_i}{\partial z} = F_i\left(\frac{\partial \Psi_i}{\partial y}, \frac{\partial^2 \Psi_i}{\partial y^2}, \Psi_i, Z, y\right)$$

La fonction $\psi(z, y)$ vérifie l'équation (30), et doit aussi vérifier :

les conditions aux limites suivantes :

$$Y=0 \quad , \quad G\left(\Psi, \frac{\partial \Psi}{\partial y}\right) = 0$$

$$Y=1 \quad , \quad H\left(\Psi, \frac{\partial \Psi}{\partial y}\right) = 0$$

les cordonnées initiales : $z = 0 \quad \psi = \psi^0$

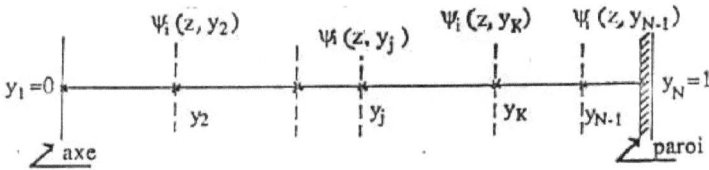

Figure 29 : Répartition des points de collocation

On peut maintenant chercher, pour cette équation (30), la solution approximative qui est sous la forme suivante : on partage la direction radiale de notre réacteur par des verticales (Figure 29), les coordonnées $y_1, y_2, \ldots y_n$ s'appellent les points de collocation.

Portons les coordonnées y_j d'un point j dans l'équation (30)

$$\frac{\partial \Psi_{i,j}}{\partial z} = a_{12}\left[\frac{\partial^2 \Psi_i(Z, y_j)}{\partial y^2} + \frac{1}{y} \cdot \frac{\partial \Psi_i(Z, y_j)}{\partial y}\right] + b_{12} \cdot R(\theta_j, \Psi_j) \qquad (32)$$

La dérivée partielle $\dfrac{\partial^2 \Psi_i(Z, y_j)}{\partial y^2}$ peut être exprimée approximativement, pour z fixé, au moyen des valeurs de la fonction $\psi(z,y)$ aux points y_j, et aux points voisins par la formule:

$$\begin{cases} \dfrac{\partial \, \Psi_i(Z,y_j)}{\partial y} = \sum_{K=1}^{N} A_{j,k} \, \Psi_{i,k} \\[4mm] \dfrac{\partial^2 \Psi_i(Z,y_j)}{\partial y^2} = \sum_{K=1}^{N} B_{j,k} \, \Psi_{i,k} \end{cases} \qquad (33)$$

où $\qquad \Psi_{i,k} = \Psi_i(Z,y_K)$

En remplaçant (33) dans (32), on obtient pour chaque point de collocation y_j :

$$\frac{\partial \, \Psi_i(Z,y_j)}{\partial Z} = a_{12}\left[\sum_{K=1}^{N} B_{j,k}.\Psi_{i,k} + \frac{1}{y_j}\sum_{K=1}^{N} A_{j,k}.\Psi_{i,k}\right] + b_{12}.R(\theta_j,\Psi_j) \qquad (34)$$

$$j = 2,3,\ldots\ldots N\text{-}1$$

Par analogie pour l'équation (31), on aura :

$$\frac{\partial \theta_j}{\partial z} = a_{22}\left[\sum_{K-1}^{N} B_{j,k}.\theta_K + \frac{1}{y_j}\sum_{K-1}^{N} A_{j,k}.\theta_K\right] + b_{22}.R(\theta_j,\Psi_j) \qquad (35)$$

Il est clair que les équations (34) et (35) sont sous la forme de deux systèmes différentiels du premier ordre.

$$\begin{bmatrix} \dfrac{\partial \Psi_{i,2}}{\partial Z} \\ \dfrac{\partial \Psi_{i,3}}{\partial Z} \\ \vdots \\ \dfrac{\partial \Psi_{i,N-1}}{\partial Z} \end{bmatrix} = a_{12}\left\{ \begin{bmatrix} B_{21}B_{21}\cdots\cdots\cdots B_{21} \\ B_{31}B_{32}\cdots\cdots\cdots B_{32} \\ \vdots \\ B_{(N-1)1}B_{(N-1)2}\cdots B_{(N-1)N} \end{bmatrix} + \frac{1}{y_j}\begin{bmatrix} A_{21}A_{21}\cdots\cdots\cdots A_{21} \\ A_{31}A_{32}\cdots\cdots A_{32} \\ \vdots \\ A_{(N-1)1}A_{(N-1)2}\cdots A_{(N-1)N} \end{bmatrix}\begin{bmatrix} \Psi_{i,2} \\ \Psi_{i,2} \\ \vdots \\ \Psi_{i,2} \end{bmatrix}\right\} + b_{12}\begin{bmatrix} R_i(\theta_2,\Psi_2) \\ R_i(\theta_3,\Psi_3) \\ \vdots \\ R_i(\theta_{N-1},\Psi_{N-1}) \end{bmatrix}$$

$$
\begin{bmatrix} \dfrac{\partial \theta_2}{\partial Z} \\ \dfrac{\partial \theta_3}{\partial Z} \\ \cdot \\ \cdot \\ \dfrac{\partial \theta_{N-1}}{\partial Z} \end{bmatrix} = b_{22} \left\{ \begin{bmatrix} B_{21}B_{21} \cdots \cdots \cdots \cdots B_{21} \\ B_{31}B_{32} \cdots \cdots \cdots \cdots B_{32} \\ \cdot \\ \cdot \\ B_{(N-1)1}B_{(N-1)2} \cdots \cdot B_{(N-1)N} \end{bmatrix} + \frac{1}{y_j} \begin{bmatrix} A_{21}A_{21} \cdots \cdots \cdots A_{21} \\ A_{31}A_{32} \cdots \cdots \cdots A_{32} \\ \cdot \\ \cdot \\ A_{(N-1)1}A_{(N-1)2} \cdots A_{(N-1)N} \end{bmatrix} \begin{pmatrix} \Psi_{i,2} \\ \Psi_{i,2} \\ \cdot \\ \cdot \\ \Psi_i \end{pmatrix} \right\} + b_{22} \begin{bmatrix} R_i(\theta_2, \Psi_2) \\ R_i(\theta_3, \Psi_3) \\ \cdot \\ \cdot \\ R_i(\theta_{N-1}, \Psi_{N-1}) \end{bmatrix}
$$

Ces deux systèmes peuvent être résolus par la méthode de Runge-Kutta en considérant les conditions aux limites suivantes :

$$
\left(\frac{\partial \Psi_i}{\partial y}\right)_{y_i=0} = \left(\frac{\partial \Psi_i}{\partial y}\right)_{y_i=1} = 0 \quad c'est\ adire:
$$

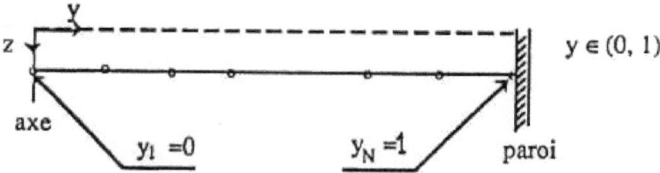

Les conditions aux limites sont :

$$
\left(\frac{\partial \Psi_i}{\partial y}\right)_{y_i=0} = 0
$$

$$
\left(\frac{\partial \Psi_i}{\partial y}\right)_{y_i=1} = \sum_{l=1}^{N} A_{1j} \cdot \Psi_{i,j} = 0 \Rightarrow \sum_{l=2}^{N} A_{1j} \cdot \Psi_{i,j} = A_{11} \cdot \Psi_{i,1}
$$

Les conditions initiales sont :

$$
Z=0 \quad , \quad \Psi_{i,j} = \Psi_{i,j}^0 \quad et \quad \theta_j = \theta_j^0
$$

Références

[1] W. E. Stewart, "Transport Phenomena in Fixed Bed Reactors", chem. Eng. Prog., Symp. Ser. 61,58, 61 (**1967**)

[2] J.M. Smith, Chem. Ifng. Kinetics, 2^ edit.. Me Graw-Hill, New York (**1972**).

[3] J. Beek, "Advances in chemical Engineering", vol. 3, Académie Press, New York (**1962**)

[4] J. Horak, J. Pasek, "Conception des réacteurs chimiques industriels sur la base des données dans laboratoire", Eyrolles, Paris (**1981**).

[5] ML. Michelsen, "Semi-Implicit Runge-Kutta Methods for Stiff Systems", Danmarks Tekniske Hojskole, (November **1976**).

[6] J. B. Cailland, L. Padmanabhan, Chem. Eng. J., 2, 227 (**1971**)

[7] M. L. Michelsen, "Application of Semi-Implicit Runge-Kutta Methods for Intégration of Ordinary and Partial Differential Equations", Chem. Eng. J. 14, 107 (**1977**).

[8] ML. Michelsen, AIChE. J.$_y$ 7(22), 594 (**1976**).

[9] N. B. Ferguson, B. A. Finlayson, Chem. Eng. J, 1, 327 (**1970**)

[10] J. Villadsen, "Selected Approximation Methods for Chemical Engineering Problems", Instituttet for Kemiteknik, Lyngby, Denmark (**1970**).

[11] B. A. Finlayson, Chem. Eng. Sci., 26, 1081 (**1971**)

[12] I. Birnbaum, L. Lapidus, "Studies in Approximation Methods H", Initial value ordinary differential équations, Chem.Eng. Sci., 33, 427 (**1978**).

[13] Z. Kopal, Numerical Analysis, 2nd edit., Chapman et Hall, London (**1961**)

[14] J. Villadsen, M. L. Michelsen,"Solution of Differential Equation models by Polynomial Approximation", Prentice - Hall, Englewood Cliffs, New York (**1978**).

Annexes - B
<u>Le programme</u>

c   **Application du Modèle Bidimensionnel** (**AMB**) d'un réacteur Chimique Tubulaire

c   pour une réaction de polymérisation *** *polymérisatrion de l'éthylène* ***

```
        implicit real*8 (a-h,o-z)
c       program AMB
        dimension root(10),vect(10),aa(10,10),dif1(10),dif2(10),
       *dif3(10),bb(10,10),w(1500),a(10,10),ip(20),y0(25),t(15),
       *wg(10)
        common a12,a22,b12,b22,Gam,Bi,the /b1/aa,a /b2/nt,ncol
       *  /b3/y10,y1n,y20,y2n /b4/T0,R,Pt,dd,pp,tt,ff,CA0,CM0,Po,Hr,RK,
       *  DPmr,DPmd,Amdr
        external Fun
        open(unit=5,file='e220.don')
        open(unit=6,file='e221.don')
        open(unit=7,file='e222.don')
        open(unit=8,file='s22.don')
        open(unit=9,file='s222.don')
        read (5,*) n
        ncol=n
        nc=ncol
        nt=ncol+2
        if (n) 9,9,5
9       stop
5       read (5,*) al, be, n0, n1, eps
        call jacobi(nc,n0,n1,al,be,eps,dif1,dif2,dif3,root)
        do 10 l=1,nt
         write (8,100) root(l)
100     format (' root(l) :'/10(2x,d24.16))
10      continue
```

```fortran
      s=0
      id=1
      do 12 i=1,nt
       call dfopr (nc,n0,n1,i,id,dif1,dif2,dif3,root,vect)
       s=0
       do 14 j=1, nt
        aa (i,j)=vect (j)
        s=s+aa (i,j)
14    continue
       do 16 j=1,nt
       write (8,110) aa (i,j)
110   format (' aa (i,j) :'/10(2x,d16.8))
16    continue
       Write (8,*) s
12    continue
       s=0
       id=2
       do 18 i=1,nt
       call dfopr (nc,n0,n1,i,id,dif1,dif2,dif3,root,vect)
       s = 0
       do 20 j=1,nt
       bb (i,j)=vect (j)
       s=s+bb (i,j)
20    continue
       do 22 j=1,nt
       write(8,120) bb(i,j)
120   format(' bb(i,j) :'/10(2x,d16.8))
22    continue
       write(8,*) s
18    continue
       id=3
       call dfopr(nc,n0,n1,i,id,dif1,dif2,dif3,root,vect)
```

124

```
      do 11 l=1,nt
      write(8,130) vect(l)
       wg(l)=vect(l)
130  format (' wg(l) :'/10(2x,d16.8))
11    continue
      do 26 j=1,ncol
      do 28 k=1,nt
      a(j,k)=bb(j+1,k)+(1/root(j+1))*aa(j+1,k)
      write(8,*) a(j,k)
28    continue
26    continue
      read(5,*) eps,h0,lout,ipri
      read(6,*) D,P,Vms,Dc,Cp,CA0,ff,CM0,Po
      read(6,*) TE,R,Hw
      read(6,*) Dg,Pt,the,De,Cte
      R0=D/2.d0
      T0=TE+273.d0
        S=3.14d0*(R0**2)
      G=Vms*S
      F=G/Dg
      Vma=G/(S*Dg)
c    Gam=1.d0/(R*T0)
      Pemr=Vma*P/De
      Pehr=Vma*P*Dg*Cp/Cte
      Bi=Hw*R0/Cte
      Hr=28.d0*(718.6d0+(0.05d0*T0)+(0.025d0*Pt))
      C0=Pt/T0
      Cg=12195.122d0*C0
      A12=P**2/(Pemr*R0**2)
      A22=P**2/(Pehr*R0**2)
```

```fortran
      B12=P*Dc/(Cg*Vma)*(1.d0-Po)/Po
      B22=P*Dc*Hr/(T0*Vma*Dg*Cp)*(1.d0-Po)
      do 21 j=1,ncol
        y0(j)=0.d0
        y0(j+ncol)=1.d0
21    continue
      read(7,*) (t(i),i=1,15)
      x0=0.d0
      write(9,115)
      write(9,125)P,D,G,CM0,TE,Hw,De,Pemr,Cte,Pehr,Hr,CA0
115   format (//'     *** modele Bidimensionnel ***'
     *      /'        polymerisation de letylene ')
125   format (/' long = ',f8.2,' m        diam = ',f6.4,' m'
     *      /' G    = ',e10.4,' kg/s      CM0  = ',f8.4,' mol/l'
     *      /' TE   = ',f6.1,' C°         Hw= ',e10.4,'kcal/s.m2.k'
     *      /' De   = ',e10.4,' mole/m2.s Pemr = ',e15.8
     *      /' Cte  = ',e10.4,' kcal/s.m.k Pehr = ',e15.8
     *      /' Hr   = ',e12.4, ' cal/mol  CA0 =',e10.3,'mol/l,')
      n=2*ncol
      do 23 integ=1,15
        x1=t(integ)
        call rks42(n,fun,x0,x1,y0,h0,eps,ipri,lout,w,ip,ier)
        s1=0.d0
        s2=0.d0
        do 40 i=1,ncol
          s1=s1+2.d0*wg(i+1)*y0(i)*root(i+1)
          s2=s2+2.d0*wg(i+1)*y0(i+ncol)*root(i+1)
40      continue
        call fun(n,y0,w)
        write(9,200)
        write(9,210) x1,s1,s2
```

```fortran
      write(9,220) y10,(y0(l),l=1,ncol),y1n
      write(9,230) y20,(y0(l),l=ncol+1,n),y2n
200   format(1x,70('-'))
210   format(' x= ',f5.3,' etam= ',e10.3,' thetam= ',f5.3)
220   format(' eta:  ',10(1x,e10.3))
230   format(' theta: ',10(1x,f8.4))
c     write(9,215)RK
215   format(' RK= 'e12.3)
c
      write(9,215)RK, DPmr, DPmd, Amdr
215   format('RK='e10.3,' DPmr=',e10.3,' DPmd=',e10.3,' Amdr=',e10.3)
      x0=x1
23    continue
      close(5)
      close(7)
      close(8)
      close(9)
      stop
      end
c
c
      subroutine Fun (n, y, f)
      implicit real*8 (a-h,o-z)
      common a12,a22,b12,b22,Gam,Bi,the /b1/aa(10,10),a(10,10)/b2/nt,
     *  ncol/b3/y10,y1n,y20,y2n /b4/T0,R,Pt,dd,pp,tt,ff,CA0,CM0,Po,Hr,RK,
     *  DPmr,DPmd,Amdr
      dimension y(n),f(n)
      s1=0.d0
      s2=0.d0
      s3=0.d0
      s4=0.d0
```

127

```fortran
      do 24 k=2,nt-1
        s1=s1+aa(1,k)*y(k-1)
        s2=s2+aa(nt,k)*y(k-1)
        s3=s3+aa(1,k)*y(ncol+k-1)
        s4=s4+aa(nt,k)*y(ncol+k-1)
24    continue
      s4=s4-bi*the
      d1=aa(1,1)*aa(nt,nt)-aa(nt,1)*aa(1,nt)
      d2=aa(1,1)*(aa(nt,nt)+bi)-aa(nt,1)*aa(1,nt)
      y10=(s2*aa(1,nt)-s1*aa(nt,nt))/d1
      y1n=(s1*aa(nt,1)-s2*aa(1,1))/d1
      y20=(s4*aa(1,nt)-s3*(aa(nt,nt)+bi))/d2
      y2n=(s3*aa(nt,1)-s4*aa(1,1))/d2
      do 25 j=1,ncol
c
c
      dd=0.845d-5
      pp=0.242d3
      tt=54.d7
c
        z0=dsqrt(dabs(CA0))
        z1=dsqrt(dabs(ff*dd/tt))
         RK=pp*(CM0*(1.d0-y(j)))*z1*z0
c
      x=0.5d0
      xx=1.d0
      z2=CM0*(1.d0-y(j))
      z3=((pp)**2)*(z2**2)
      z4=2.d0*tt*RK
         z4r=z4*x
```

```
         z4d=z4*xx
         DPmr=z3/z4r
         DPmd=z3/z4d
         Amdr=0.5d0*DPmr
c
      s=a(j,1)*(1.d0-y10)+a(j,nt)*(1.d0-y1n)
      do 27 k=2,nt-1
      s=s+a(j,k)*(1.d0-y(k-1))
27    continue
      f(j)=-a12*s+b12*RK
      s=a(j,1)*y20+a(j,nt)*y2n
      do 30 k=2,nt-1
      s=s+a(j,k)*y(ncol+k-1)
30    continue
      f(j+ncol)=a22*s+b22*RK
25    continue
      return
      end
c
c
   SUBROUTINE RKS42(N,FUN,X0,XI,Y0,HO,EPS,IPRI,LOUT,W,IP,1ER)
c
c
   SUBROUTINE SIRK42(N,FUN,F,DF,Y,Y4,Y2,YK1,YK2,YK3,IP,H)
c
c
   SUBROUTINE DFCTN (N,FUN,Y,F,DF,FP)
c
c
   SUBROUTINE DECOMP (N,NDIM, A,EPS,IP)
c
c
   SUBROUTINE SOLVE (N,NDIM,A,B,IP)
c
c
   SUBROUTINE OUT (N,X,Y,Y2,IHA,Q,LOUT)
c
c
```

BLOCK DATA
```
c
c
```
SUBROUTINE JACOBI (N,NO,NI,AL,BE,EPS,DIF1,DIF2,DIF3,ROOT)
```
c
c
```
SUBROUTINE DFOPR (N,NO,NI,I,ID,DIF1,DIF2,DIF3,ROOT,VECT)
```
c
c
```
SUBROUTINE INTRP (NT,X,ROOT,DIF1,XINTP)
```
c
c
```

Déscription des subroutines

I- *Sous-programme RKS42* :

SUBROUTINE RKS42 (N,FUN,X0,X1,Y0,H0,EPS,IPRI,LOUT,W,IP,IER)

```
C
C
C        ******** LIST OF PARAMETERS *********
C
C      N           - NUMBER OF EQUATIONS
C        FUN        - USER SUPPLIED RIGHT HAND SIDE SUBPROGRAM
WITH
C      FOLLOWING LIST OF PARAMETERS : N,Y,F WHERE F IS THE VECTOR
C        OF RHS AT Y POINT. AUTONOMOUS FORM OF SYSTEM OF DIF.
EQUATIONS
C      IS CONSIDERED.
C        X0 - INITIAL VALUE OF INDEPENDENT VARIABLE
C        X1 - FINAL VALUE OF INDEPENDENT VARIABLE
C        Y0 - INPUT VECTOR OF INITIAL CONDITIONS (N,REAL*8).
C                  ON RETURN Y0 CONTAINS RESULTING VECTOR OF
DEPENDENT
C           VARIABLE.
C        H0 - INITIAL STEPSIZE. ON EXIT H0 CONTAINS
C            THE SUGESTED STARTING VALUE FOR NEXT INTERVAL.
C        IPRI -PRINT FREQUENCY
C        EPS - TOLERANCE PARAMETER
C        LOUT - NUMBER OF THE UNIT FOR OUTPUT
C-----------------------------------------------------------------------
C
C     W  - THE WORKING ARRAY ,7*N+2*N*N, REAL*8
C  1 N+1 2*N+1 3*N+1 4*N+1 5*N+1 6*N+1 7*N+1   7*N+N*N
C  : :  :   :    :     :     :     :       :
C  Y4 Y2 F FOLD YK1  YK2  YK3  DF    DFOLD
C  : :  :   :    :     :     :     :
C  N 2*N 3*N 4*N  5*N  6*N  7*N  7*N+N*N  7*N+2*N*N
C      IP      - THE WORKING ARRAY (N, INTEGER*4)
C      IER     - OUTPUT ERROR MESSAGE
C        IER=0  - NO ERRORS
C        IER=100 - N.LE.0
C        IER=110 - X1 - X2.LE.0.D0
C        IER=120 - H0.LE.0.D0
C        IER=130 - EPS.LE.0.D0
C        IER=140 - H.LE.1.D-10*H0
C-----------------------------------------------------------------------
C
C
     IMPLICIT REAL*8 (A-H,O-Z)
     DIMENSION Y0(1),W(1),IP(1)
```

131

```
      COMMON /C1SI/NN
      EXTERNAL FUN
C
C  INITIALIZATION AND INPUT PARAMETERS CHECK
C
   IF(N)100,100,1
    1 NN=N*N
      IF(X1-X0)110,110,2
    2 H=H0
      IF(H)120,120,3
    3 NOUT=0
      IF(EPS)130,130,4
    4 ICON=0
      IW1 = N
      IW2 = IW1 + N
      IW3 = IW2 + N
      IW4 = IW3 + N
      IW5 = IW4 + N
      IW6 = IW5 + N
      IW7 = IW6 + N
      IW8 = IW7 + NN
      X=X0
C
C  MAIN INTEGRATION LOOP
C
   24 IF(X+1.1d0*H-X1)8,7,7
    7 H0=H
      H=X1-X
      ICON=1
C
C  RHS AND JACOBIAN EVALUATION
C
    8 CALL FUN(N,Y0,W(IW2+1))
      CALL DFCTN(N,FUN,Y0,W(IW2+1),W(IW7+1),W(1))
   36 IHA=-1
C
C  KEEP VALUES WHICH CAN BE USED IN RERUN WITH HALF STEP.
C
      DO9I=1,N
      W(IW3+I) = W(IW2+I)
    9 CONTINUE
      DO10I=1,NN
      W(IW8+I) = W(IW7+I)
   10 CONTINUE
C
C  PERFORM ONE STEP WITH STEPSIZE = H
C
   16 IHA=IHA+1
```

```
      CALL SIRK42(N,FUN,W(IW2+1),W(IW7+1),Y0,W(1),W(IW1+1),W(IW4+1),
     *      W(IW5+1),W(IW6+1),IP,H)

C  COMPUTATION OF THE ESTIMATE OF TRUNCATION ERROR
C
   11 P1=0.D0
      DO12I=1,N
      P=DABS(W(I) - W(IW1+I))/(1.D0+DABS(W(I)))
      IF(P-P1)12,12,13
   13 P1=P
   12 CONTINUE
      IF(EPS-P1)14,15,15
C
C  DEVIATION TOO LARGE, RERUN WITH SMALLER H
C
   14 H=H/2.D0
      IF(H.LT.1.D-10*H0)GOTO 140
      DO26I=1,N
      W(IW2+I) = W(IW3+I)
   26 CONTINUE
      DO27I=1,NN
      W(IW7+I) = W(IW8+I)
   27 CONTINUE
      ICON=0
      GOTO 16
C
C  TOLERANCE CONDITION IS SATISFIED
C
   15 X=X+H
      DO18I=1,N
      Y0(I)=W(I)
   18 CONTINUE
      Q=P1/EPS
      FAK=0.75D0/(0.25D0+Q)
      H=FAK*H
      NOUT=NOUT+1
      IF(IPRI)32,32,33
   33 IF(NOUT/IPRI*IPRI.EQ.NOUT) CALL OUT(N,X,Y0,W(IW1+1),IHA,Q,LOUT)
   32 IF(ICON-1)24,25,24
   25 IER=0
      RETURN
  100 IER=100
      RETURN
  110 IER=110
      RETURN
  120 IER=120
      RETURN
  130 IER=130
```

```
      RETURN
140  IER=140
      RETURN
      END
```

Le principe de cette subroutine est décrit sur l'organigramme suivant :

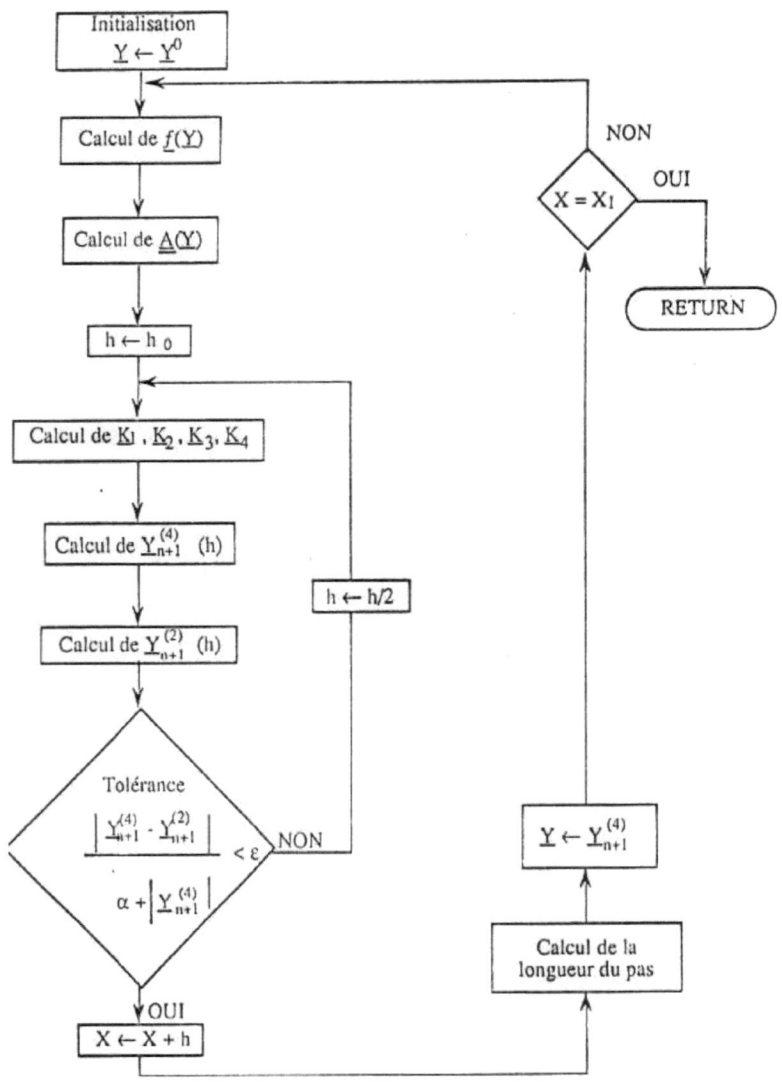

1)- <u>Description de l'organigramme</u> :

Supposons que nous avons le système du premier ordre autonome suivant :

$$\frac{dY}{dX} = f(Y) \quad , \quad Y = Y^0 \quad , \quad X = X^0 \tag{1}$$

où $\quad Y = \big(Y_1(X), Y_2(X), \ldots Y_N(X)\big) \rightarrow$ la fonction vecteur de la variable

dépendante.

$Y^0 = \big(Y_1^0, Y_2^0, \ldots \ldots Y_N^0\big) \quad \rightarrow$ les valeurs initiales de la variable

dépendante au point $X = X^\circ$.

La résolution d'une telle équation consiste à trouver une équation Y en fonction de X. Donc on peut résoudre l'équation en effectuant un déplacement h (le pas) sur l'axe des X. Connaissant la valeur initiale $Y(X_0)$ on calcule $Y(X_1)$

où : $(X_1 = X_0 + h)$ puis en calcule $Y(X_2)$ où : $(X_2 = X_1 + h)$ puis $Y(X_3)$ etc. jusqu'à ce qu'on ait calculé un nombre de points suffisant.

La méthode efficace pour calculer Y_{n+1} connaissant Y_n est d'utiliser la méthode semi-implicite de **Runge-Kutta** du $4^{\text{ème}}$ ordre qui est donnée par les formules suivantes [1] :

$$Y_{n+1}^{(4)} = \left[Y_n^{(4)} + R_1^{(4)} \cdot K_1 + R_2^{(4)} \cdot K_2 + R_3^{(4)} \cdot K_3 + R_4^{(4)} \cdot K_4 \right] \tag{2}$$

où : $Y_{n+1} = [Y_1(X_{n+1}), Y_2(X_{n+1}), \ldots \ldots Y_N(X_{n+1})] \rightarrow$ la solution

approximative au point (Xn+1)

$$\underline{Y}_n = \left[Y_1(X_n), Y_2(X_n), \ldots\ldots Y_N(X_n)\right] \rightarrow \text{la solution}$$

approximative au point (Xn)

Les vecteurs $\underline{K}_1, \underline{K}_2, \underline{K}_3$ et $\underline{K}_4$ sont données par :

$$
\begin{aligned}
\underline{K}_1 &= \left(\underline{I} - h \cdot a_1 \cdot \underline{A}\right)^{-1} \cdot h\underline{f}(\underline{Y}_n) \\
\underline{K}_2 &= \left(\underline{I} - h \cdot a_1 \cdot \underline{A}\right)^{-1} \cdot h\underline{f}(\underline{Y}_n + b_2 \cdot \underline{K}_1) \\
\underline{K}_3 &= \left(\underline{I} - h \cdot a_1 \cdot \underline{A}\right) \cdot h\underline{f}(\underline{Y}_n + b_3 \cdot \underline{K}_2)^{-1} \\
\underline{K}_4 &= \left(\underline{I} - h \cdot a_1 \cdot \underline{A}\right)^{-1} \cdot (b_{41} \cdot \underline{K}_1 + b_{42} \cdot \underline{K}_2 + b_{43} \cdot \underline{K}_3)
\end{aligned}
\right\} \quad (3)
$$

où : A est la matrice de Jacobi de la fonction $\underline{f}\left(A_{ij} = \dfrac{\partial f_i}{\partial y_j}\right)$

Les constantes :

$b_2 = b_3 = 3/4 = 0.75$

$a_1 = 0.2204284102592124$

$b_{41} = 1/54. \, a_1. \, (-108 \, a_1{}^2 + b \, a_1 + 1)$

$b_{42} = 1/27. \, a_1 \, (48 \, a_1{}^3 - 18 \, a_1{}^2 - 6a_1 - 1)$

$b_{43} = 1/27. \, a_1 \, (- 48.a_1{}^3 + 72.a_1{}^2 - 24 \, a_1 + 2)$

$R_1{}^{(4)} = 11/27.b_{41}$

$R_2{}^{(4)} = 4/81. \, (18a_1{}^2 + 6a_1 + 7)-b_{42}$

$R_3{}^{(4)} = 4/81. \, (-18a_1{}^2 -6a_1 +5)-b_{43}$

$R_4{}^{(4)} = 1$

Le paramètre a_1 était déterminé à partir du polynôme

$$a_1^4 - 4 \cdot a_1^3 + 3 \cdot a_1^2 - \frac{2}{3} a_1 + \frac{1}{24} = 0$$

en utilisant la méthode de **Newton-Raphson**.

2)- <u>Méthodes de Runge-Kutta semi-implicite</u> :

Pour solutionner les systèmes d'équations différentielles du premier ordre, on utilise les méthodes de **Runge-Kutta**. Dans le cas des systèmes des équations spéciales qui s'appellent "**STIFF**" (les systèmes d'équations différentielles qui sont difficiles à résoudre), il faut employer les méthodes numériquement stables. Pour les applications dans le génie chimique, on a modifié les méthodes classiques de **Runge-Kutta** en méthodes semi-implicites qui sont hautement efficaces et présentent l'avantage d'avoir une stabilité inconditionnelle, d'être plus simples, plus robustes et facilement adaptables pour des problèmes spéciaux [2, 3].

Pour un point $(X_n, \underline{Y}_n)$ donné, la méthode consiste à calculer : $X_{n+1} = X_n + h$ puis à calculer les valeurs de $\underline{K}_1, \underline{K}_2, \underline{K}_3,$ et $\underline{K}_4,$ et enfin celle de $\underline{Y}_{n+1}$.

Pour évaluer la précision du calcul de la valeur $\underline{Y}_{n+1}$ on utilise la méthode "IMBEDDING" qui est représentée sur le schéma suivant :

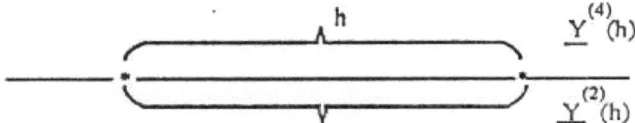

L'erreur de la méthode est donnée par la différence :

$$E \approx \left| \underline{Y}_{n+1}^{(4)} - \underline{Y}_{n+1}^{(2)} \right|$$

où : $\underline{Y}_{n+1}^{(2)}$ est la solution au point X_{n+1} de la méthode de Runge-Kutta semi-implicite de $2^{\text{ème}}$ ordre qui est présentée par la formule suivante :

$$\underline{Y}_{n+1}^{(2)} = \underline{Y}_n^{(2)} + R_1^{(2)} \cdot \underline{K}_1 + R_2^{(2)} \cdot \underline{K}_2 + R_3^{(2)} \cdot \underline{K}_3 \quad (4)$$

où :

$$R_1^{(2)} = 1/3. \ (1 + 4a_1)$$

$$R_2^{(2)} = 1/9. \ (-16 \ a_1^3 + 32 \ a_1^2 - 20 \ a_1 + 6)$$

$$R_3^{(2)} = 16/9. \ (a_1^3 - 2a_1^2 + 0.5 \ a_1)$$

De plus, on peut fixer la valeur de l'erreur de la solution en acceptant la solution approximative avec la précision relative de 1%, dans ce cas, la valeur de l'erreur relative est définie sous la forme suivante :

$$E_{rel} = \frac{\left| \underline{Y}_{n+1}^{(4)} - \underline{Y}_{n+1}^{(2)} \right|}{\alpha + \left| \underline{Y}_{n+1}^{(4)} \right|}$$

On prend $\alpha = 1$ pour éviter le problème de la division par zéro.

A partir de la valeur de E_{rel}, on peut savoir si la solution sera acceptée ou non. C'est à dire si la valeur E_{rel} dépasse ε (par exemple $\varepsilon = 0,01$), il faut diminuer la longueur du pas, par exemple $h \leftarrow \frac{h}{2}$ et répéter le calcul de la valeur de $\underline{Y}_{n+1}^{(4)}$.

Références

[1] ML. Michelsen, "Semi-Implicit Runge-Kutta Methods for Stiff Systems", Danmarks

Tekniske Hojskole, (November **1976**).

[2] M. L. Michelsen, "Application of Semi-Implicit Runge-Kutta Methods for Intégration

of Ordinary and Partial Differential Equations", Chem. Eng. J. 14, 107 (**1977**).

[3] ML. Michelsen, "An efficient general purpose method for the intergration of stiff ordinary

differential equations", AIChE. J., 7(22), 594 (**1976**).

II- *Sous-programme SIRK42* :

Cette subroutine accomplit l'intgration du pas par les mthodes de Runge-Kutta Semi-implicite du $4^{\text{éme}}$ ordre et du $2^{\text{éme}}$ ordre en utilisant la technique "IMBEDDING"

```
C
        SUBROUTINE SIRK42 (N,FUN,F,DF,Y,Y4,Y2,YK1,YK2,YK3,IP,H)
C**********************************************************************
C    THE SUBROUTINE SIRK42 PERFORMS ONE STEP INTEGRATION OF THE
SYSTEM OF
C  DIFFERENTIAL EQUATIONS BY FOURTH ORDER SEMIIMPLICIT RUNGE-KUTTA
C  METHOD. SECOND ORDER IMBEDDING FORM IS INCORPORATED.
C  REFERENCES:
C     Y.N.I.CHAN,I.BIRMBAUM,L.LAPIDUS: IEC FUND.17,133(1978).
C     M.H.MICHELSEN: SEMIIMPLICIT RUNGE-KUTTA METHODS FOR STIFF
C     SYSTEMS, DANSMARKS TEKNISKE HOJSKOLE,KODAN 1976.
C
C        ******* LIST OF PARAMETERS *******
C
C   N      - NUMBER OF EQUATIONS (INTEGER*4,INPUT)
C   FUN      - USER SUPPLIED RIGHT HAND SIDES (RHS) SUBPROGRAM
C   WITH FOLLOWING LIST OF PARAMETERS: N,F,Y WHERE F IS THE VECTOR OF
C   RHS AT Y POINT. AUTONOMOUS FORM OF SYSTEM IS COSIDERED.
C   F      - THE VECTOR OF RHS AT Y POINT (N,REAL*8,INPUT)
C   DF      - THE N*N JACOBIAN MATRIX (STORED COLUMNWISE, DESTROY
C   ED) AT Y POINT(N*N, REAL*8,INPUT)
C   Y      - THE VECTOR OF INITIAL CONDITION.(N,REAL*8,INPUT)
C   Y4,Y2    - THE VECTORS OF VALUES OF DEPENDENT VARIABLES AFTER
C   INTEGRATION STEP WHICH ARE EVALUATED BY 4-TH AND 2-ND ORDER
C   FORMULAS. (N,REAL*8)
C   YK1,YK2,YK3  - INTERNAL K1,K2,K3 VECTORS (N,REAL*8)
C   IP      - INTEGER WORKING ARRAY (N,INTEGER*4)
C   H      - THE STEP OF INTEGRATION (REAL*8)
C**********************************************************************
C
```

```fortran
      IMPLICIT REAL*8 (A-H,O-Z)
      DIMENSION F(1),DF(1),Y(1),Y4(1),Y2(1),YK1(1),YK2(1),YK3(1),IP(1)
      COMMON /C1SI/NN
      COMMON /C2SI/A,R4(3),R2(3),B4(3)
      IER=0
C
C MODIFICATION OF JACOBIAN
      DO1I=1,NN
      DF(I)=-A*H*DF(I)
      IF(DABS(DF(I))-1.D-12)100,1,1
 100  DF(I)=0.D0
   1  CONTINUE
      K=1
      DO2I=1,N
      DF(K)=1.D0+DF(K)
      K=K+N+1
   2  CONTINUE
C
C THE INVERSION OF MODIFIED JACOBIAN BY LU-DECOMPOSITION AND YK1
C EVALUATION
C
      CALL DECOMP(N,N,DF,1.E-20,IP)
      CALL SOLVE(N,N,DF,F,IP)
      DO4I=1,N
      YK1(I)=H*F(I)
      Y4(I)=Y(I)+R4(1)*YK1(I)
      Y2(I)=Y(I)+R2(1)*YK1(I)
      YK2(I)=Y(I)+0.75D0*YK1(I)
   4  CONTINUE
C
C YK2 EVALUATION
C
      CALL FUN(N,YK2,F)
      CALL SOLVE(N,N,DF,F,IP)
```

```fortran
      DO5I=1,N
      YK2(I)=H*F(I)
      Y4(I)=Y4(I)+R4(2)*YK2(I)
      Y2(I)=Y2(I)+R2(2)*YK2(I)
      YK3(I)=Y(I)+0.75D0*YK2(I)
    5 CONTINUE
C
C   YK3 EVALUATION
      CALL FUN(N,YK3,F)
      CALL SOLVE(N,N,DF,F,IP)
      DO6I=1,N
      YK3(I)=H*F(I)
      Y4(I)=Y4(I)+R4(3)*YK3(I)
      Y2(I)=Y2(I)+R2(3)*YK3(I)
      YK3(I)=B4(1)*YK1(I)+B4(2)*YK2(I)+B4(3)*YK3(I)
    6 CONTINUE
C
C   YK4 EVALUATION (FOR CONVENIENCE YK4 IS STORED IN YK3)
C
      CALL SOLVE(N,N,DF,YK3,IP)
      DO7I=1,N
      Y4(I)=Y4(I)+YK3(I)
    7 CONTINUE
      RETURN
      END
```

III- **Sous-programme DFCTN** :

Cette subroutine calcule la matrice de JACOBI (le Jacobien) de la fonction $\underline{f}\left(A_{ij} = \frac{\partial f_i}{\partial y_j}\right)$

par la formule de différence finie : $A_{ij} = \frac{\partial f_i}{\partial y_j} = \frac{f_i(y_j+h)-f_i(y_j)}{h}$.

```
C
        SUBROUTINE DFCTN  (N,FUN,Y,F,DF,FP)
C************************************************************************
C   CALCULATE JACOBIAN OF RIGHT HAND SIDE BY
C   FINITE-DIFFERENCE FORMULA.
C************************************************************************

C
      IMPLICIT REAL*8 (A-H,O-Z)
      DIMENSION Y(1),F(1),DF(1),FP(1)
      K=0
      DO7J=1,N
      SF = Y(J)
      H = 1.D-8*DABS(SF)
      H=DMAX1(H,1.D-8)
      Y(J)=Y(J)+H
      CALL FUN(N,Y,FP)
      DO10I=1,N
      K=K+1
      DF(K)=(FP(I)-F(I))/H
   10 CONTINUE
      Y(J)=SF
    7 CONTINUE
      RETURN
      END
```

IV- Sous-programme DECOMP :

C'est un sous-programme basé sur la décomposition triangulaire c'est à dire qu'on décompose la matrice de Jacobi en deux matrice la première est une matrice triangulaire inférieure L, tandisque la deuxième est une matrice triangulaire supérieure U. Cette décomposition s'effectue par la méthode d'élimination de GAUSS avec pivotage total.

```
C
      SUBROUTINE DECOMP(N,NDIM,A,EPS,IP)
      IMPLICIT REAL*8(A-H,O-Z)
      REAL*4 EPS
      DIMENSION A(NDIM,NDIM),IP(NDIM)
C
C    ************************************************************
C
C    MATRIX TRIANGULARIZATION BY GAUSSIAN ELIMINATION.
C    INPUT:
C      N      - ORDER OF MATRIX.
C      NDIM   - DECLARED DIMENSION OF ARRAYS A AND IP.
C      A      - MATRIX TO BE TRIANGULARIZED.
C      EPS    - SINGLE PRECISION INPUT CONSTANT WHICH IS USED
C               AS RELATIVE TOLERANCE FOR TEST ON LOSS
C               OF SIGNIFICANCE.
C    OUTPUT:
C      A(I,J), I.LE.J - UPPER TRIANGULAR FACTOR, U.
C      A(I,J), I.GT.J - MULTIPLIERS (LOWER TRIANGULAR FACTOR, I-L).
C      IP(K), K.LT.N - INDEX OF K-TH PIVOT ROW.
C      IP(N) = (-1)**(NUMBER OF INTERCHANGES) OR 0.
C    USE  SUBROUTINE SOLVE TO OBTAIN SOLUTION OF LINEAR SYSTEM.
C    DETERM(A) = IP(N)*A(1,1)*A(2,2)*A(3,3)*....*A(N,N).
C    IF IP(N) = 0, A IS SINGULAR, SUBPROG SOLVE WILL DIVIDE BY ZERO.
C    INTERCHANGES FINISHED IN U, ONLY PARTLY IN L.
C
C    ************************************************************
C
      IP(N)=1
```

```
      TOL=0.D0
      DO14I=1,N

      DO14J=1,N
      P=DABS(A(I,J))
      IF(P-TOL)14,14,15
   15 TOL=P
   14 CONTINUE
      TOL=TOL*EPS
      DO6K=1,N
      IF(K-N)10,6,10
   10 KP1=K+1
      M=K
      AMK=DABS(A(M,K))
      DO1I=KP1,N
      AIK=DABS(A(I,K))
      IF(AIK-AMK)1,1,7
    7 AMK=AIK
      M=I
    1 CONTINUE
      IF(AMK-TOL)13,13,11
   11 IP(K)=M
      IF(M-K)8,9,8
    8 IP(N)=-IP(N)
    9 T=A(M,K)
      A(M,K)=A(K,K)
      A(K,K)=T
      DO2I=KP1,N
    2 A(I,K)=-A(I,K)/T
      DO4J=KP1,N
      T=A(M,J)
      A(M,J)=A(K,J)
```

```
   A(K,J)=T
    IF(T)12,4,12
12  DO3I=KP1,N
 3  A(I,J)=A(I,J)+A(I,K)*T
 4  CONTINUE
 6  CONTINUE
    RETURN
13  IP(N)=0
    RETURN
    END
```

V- Sous-programme SOLVE :

Il traite la solution des équations linéaires par substitution arrière après la décomposition triangulaire.

```
C
   SUBROUTINE SOLVE(N,NDIM,A,B,IP)
   IMPLICIT REAL*8(A-H,O-Z)
   DIMENSION A(NDIM,NDIM),B(NDIM),IP(NDIM)
C  **************************************************************
C  SOLUTION OF LINEAR SYSTEM, A*X=B.
C  INPUT:
C    N      - ORDER OF MATRIX.
C    NDIM   - DECLARED DIMENSION OF ARRAYS A AND IP.
C    A        - TRIANGULARIZED MATRIX OBTAINED FROM SUBPROG
DECOMP.
C    B      - RIGHT HAND SIDE VECTOR.
C    IP     - PIVOT VECTOR OBTAINED FROM SUBPROG DECOMP.
C    !DO NOT USE IF SUBPROG DECOMP HAS SET IP(N)=0.
C  OUTPUT:
C    B      - SOLUTION VECTOR, X.
C  **************************************************************
   IF(N-1)6,9,6
 6 NM1=N-1
   DO7K=1,NM1
   KP1=K+1
   M=IP(K)
   T=B(M)
   B(M)=B(K)
   B(K)=T
   DO7I=KP1,N
 7   B(I)=B(I)+A(I,K)*T
   DO8KB=1,NM1
   KM1=N-KB
   K=KM1+1
   B(K)=B(K)/A(K,K)
   T=-B(K)
   DO8I=1,KM1
 8 B(I)=B(I)+A(I,K)*T
 9 B(1)=B(1)/A(1,1)
   RETURN
   END
```

VI- Sous-programme OUT :

```
    SUBROUTINE OUT(N,X,Y,Y2,IHA,Q,LOUT)
    IMPLICIT REAL*8 (A-H,O-Z)
    DIMENSION Y(1),Y2(1)
    WRITE(LOUT,100)X,IHA,Q
    WRITE(LOUT,110)(Y(I),I=1,N)
    WRITE(LOUT,120)(Y2(I),I=1,N)
    RETURN
100 FORMAT(/' X = ',D12.4,' IHA = ',i5,' Q = ',D12.4)
110 FORMAT(' Y4 :'/5(2X,D14.6))
120 FORMAT(' Y2 :'/5(2X,D14.6))
    END
C
C
C
    BLOCK DATA
    IMPLICIT REAL*8 (A-H,O-Z)
    COMMON /C2SI/A,R4(3),R2(3),B4(3)
    DATA A/0.2204284102592124D0/,
   *R4/0.6531416298347001D0,0.9049986622151221D0,
   *   0.1898252470101153D0/,
   *R2/0.6272378803456165D0,0.3305449402545682D0,
   *   0.4221717939981530D-01/,
   *B4/-0.2457342224272927D0,-0.4508175869339104D0,
   *   -0.5141372969873454D-01/
    END
```

VII- **Sous-programme JACOBI :**

Ce sous-programme calcule (donne) les racines du polynôme $P_{NT}^{(\alpha,\beta)}(X)$ et aussi les trois

premières dérivées du polynôme nodal :

$$P_{NT}(X) = (X)^{N0} \cdot P_N(X) \cdot (X - 1)^{N1} \text{ aux points d'interpolation.}$$

Chaque paramètre NO et NI peut prendre la valeur 0 et 1

$$NT = N + NO + NI$$

Le sous-programme est présenté de la façon suivante :

$$CALL\ JACOBI\ (N,\ NO,\ NI,\ AL,\ BE,\ DIF1,\ DIF2,\ DIF3,\ ROOT)$$

Paramètres d'entrée

N : degré du polynôme jacobien c'est à dire, le nombre de points

   d'interpolation intérieurs.

$$N0 = \begin{cases} 1, \text{décide si } X = 0 \text{ est considéré comme point d'interpolation} \\ 0, \text{décide si } X = 0 \text{ est exclue} \end{cases}$$

NI : comme NO, mais pour le point $x = 1$

AL, BE : les valeurs de α et β

Paramètres de sortie

ROOT : vecteur unidimensionnel contenant à la sortie les NT racines du polynôme nodal utilisé dans la routine d'interpolation.

DIF1, DIF2, DIF3 : trois vecteurs unidimensionnels contenant à la sortie la

première, deuxième et troisième dérivée du polynôme nodal

aux racines.

```
C
      SUBROUTINE JACOBI(N,N0,N1,AL,BE,EPS,DIF1,DIF2,DIF3,ROOT)
C
C*************************************************************
C
C J.VILLADSEN, M.L.MICHELSEN: SOLUTION OF DIFFERENTIAL EQUATION
C         MODELS BY POLYNOMIAL APPROXIMATION,
C         PRENTICE-HALL INTERNATIONAL SERIES IN THE PHYSICAL
C         AND CHEMICAL ENGINEERING SCIENCES, 1978.
C
C*************************************************************
C
C      INPUT PARAMETERS:
C  INTEGER N  :: THE DEGREE OF THE JACOBI POLYNOMIAL, I. E,
C                THE NUMBER OF INTERIOR INTERPOLATION POINTS.
C      INTEGER  N0 ::   DECIDES WHETHER X=0 IS INCLUDED AS AN
                        INTERPOLATION
C                POINT. N0 MUST BE SET EQUAL TO 1 (INCLUDING X= 0)
C                OR 0 (EXCLUDING THIS POINT).
C  INTEGER N1 :: AS FOR N0, BUT FOR THE POINT X=1.
C  REAL*8 AL,
C           BE :: THE VALUES OF ALFA AND BETA.
C
C      OUTPUT PARAMETERS:
C   REAL*8 ARRAY ROOT   :: ONE-DIMENSIONAL ARRAY CONTAINING ON
                        EXIT
C           THE N+N0+N1 ZEROS OF THE NODE POLYNOMIAL USED
C           IN THE INTERPOLATION ROUTINE.
C  REAL*8 ARRAY
C   DIF1,DIF2,DIF3 :: THREE ONE-DIMENSIONAL ARRAYS CONTAINING
C           ON EXIT THE FIRST, SECOND AND THIRD DERIVATIVES
C           OF THE NODE POLYNOMIAL AT THE ZEROS.
C
C EVALUATION OF ROOTS AND DERIVATIVES OF JACOBI POLYNOMIALS
C P(N) (AL,BE); MACHINE ACCURACY 16D;
C
C FIRST EVALUATION OF COEFFICIENTS IN RECURSION FORMULAS
C RECURSION COEFFICIENTS ARE STORED IN DIF1 AND DIF2
C
      IMPLICIT REAL*8(A-H,O-Z)
      DIMENSION DIF1(1),DIF2(1),DIF3(1),ROOT(1)
      AB=AL+BE
      AD=BE-AL
      AP=AL*BE
      DIF1(1)=(AD/(AB+2.D0)+1.D0)/2.D0
      DIF2(1)=0.D0
      IF(N-2)15,14,14
   14 Z=AB+2.D0
```

```
      DIF1(2)=(AB*AD/Z/(Z+2.D0)+1.D0)/2.D0
      DIF2(2)=(AB+AP+1.D0)/Z/Z/(Z+1.D0)
      IF(N-3)15,16,16
   16 DO10I=3,N
      Z1=DFLOAT(I-1)
      Z=AB+2.D0*Z1



      DIF1(I)=(AB*AD/Z/(Z+2.D0)+1.D0)/2.D0
      Z=Z*Z
      Y=Z1*(AB+Z1)
      Y=Y*(AP+Y)
      DIF2(I)=Y/Z/(Z-1.D0)
   10 CONTINUE
C
C   ROOT DETERMINTION BY NEWTON METHOD WITH SUPPRESION
C   OF PREVIOUS DETERMINED ROOTS
C
   15 X=0.D0
      DO20I=1,N
   25 XD=0.D0
      XN=1.D0
      XD1=0.D0
      XN1=0.D0
      DO30J=1,N
      XP=(DIF1(J)-X)*XN-DIF2(J)*XD
      XP1=(DIF1(J)-X)*XN1-DIF2(J)*XD1-XN
      XD=XN
      XD1=XN1
      XN=XP
   30 XN1=XP1
      ZC=1.D0
      Z=XN/XN1
      IF(I-1)23,21,23
   23 DO22J=2,I
   22 ZC=ZC-Z/(X-ROOT(J-1))
   21 Z=Z/ZC
      X=X-Z
      IF(DABS(Z)-EPS)24,24,25
   24 ROOT(I)=X
      X=X+1.D-4
   20 CONTINUE
```

```
C
C  ADD EVENTUAL INTERPOLATION POINTS AT X=0.D0 OR X=1.D0
C
   NT=N+N0+N1
   IF(N0)34,35,34
34 DO31I=1,N
   J=N+1-I
31 ROOT(J+1)=ROOT(J)
   ROOT(1)=0.D0
35 IF(N1.EQ.1)ROOT(NT)=1.D0



C
C  NOW EVALUATED DERIVATIVES OF POLYNOMIAL
C
   DO40I=1,NT
   X=ROOT(I)
   DIF1(I)=1.D0
   DIF2(I)=0.D0
   DIF3(I)=0.D0
   DO40J=1,NT
   IF(J-I)41,40,41
41 Y=X-ROOT(J)
   DIF3(I)=Y*DIF3(I)+3.D0*DIF2(I)
   DIF2(I)=Y*DIF2(I)+2.D0*DIF1(I)
   DIF1(I)=Y*DIF1(I)
40 CONTINUE
   RETURN
   END
```

VIII- Sous-programme DFOPR :

les valeurs de $\left(\dfrac{dy}{dx}\right)$ ou $\left(\dfrac{d^2y}{dx^2}\right)$ sont établies de

$$\left(\frac{dy}{dx}\right)_{x=x_i} = \sum_{k=1}^{NT} l_k^{(1)}(x_i) \cdot Y_k \quad\longrightarrow\quad (a')$$

$$\left(\frac{d^2y}{dx^2}\right)_{x=x_i} = \sum_{k=1}^{NT} l_k^{(2)}(x_i) \cdot Y_k \quad\longrightarrow\quad (b')$$

Les intégrales du type $\int_0^1 Y(x) \cdot (1-x)^\alpha \cdot x^\beta \cdot dx = \sum_{K=1}^{NT} W_k \cdot Y_k$ sont déterminées par la quadrature de GAUSS.

Ce sous-programme est sous la forme :

CALL DFOPR (N, NO, NI, I, ID, DIF1, DIF2, DIF3, ROOT, VECT)

Paramètres d'entrée

N, NO, NI : voir sous-programme **Jacobi**

I : indice du nœud pour lequel on calcule les pondérations dans (a') ou (b')

ID : c'est un indicateur
$\begin{cases} \text{ID} = 1 \text{ donne } \left(\dfrac{dy}{dx}\right) \\[2mm] \text{ID} = 2 \text{ donne } \left(\dfrac{d^2y}{d^2x}\right) \\[2mm] \text{ID} = 3 \text{ donne } (W_k) \end{cases}$

La valeur de **I** n'a aucune influence dans ce dernier cas.

ROOT, DIF1, DIF2, D1F3 : vecteurs unidimensionnels calculés dans **Jacobi**

Paramètres de sortie

VECT : vecteur qui calcule (vecteur calculateur) des pondérations

$$\left[l_k^1(x_i), l_k^2(x_i), \text{ou } W_k, k = 1, 2, \ldots\ldots, NT\right]$$

Le calcul de $\left(l^1_{ik}\right)$ et $\left(l^2_{ik}\right)$ par (a') et (b') est valable pour le choix de points d'interpolation et peut être utilisé chaque fois que les valeurs appropriées (convenable, propre) de ROOT, DIF1, DIF2 et DIF3 sont disponibles. Le calcul de la pondération quadrature est limité (restreint) aux polynômes nodaux de la forme :

$$P_{NT}(x) = (x)^{N0} \cdot P_N(x) \cdot (x-1)^{N1}$$

avec $P_N(x)$: le polynôme de JACOBI

```
C

      SUBROUTINE DFOPR (N,N0,N1,I,ID,DIF1,DIF2,DIF3,ROOT,VECT)
C    *************************************************************
C SUBROUTINE EVALUATES DISCRETIZATION MATRICES AND GAUSSIAN
C QUADRATURE WEIGHTS, NORMALIZED TO SUM 1.D0
C
C   INPUT PARAMETERS:
C
C INTEGER N, N0, N1 :: AS IN JCOBI.
C INTEGER I           :: THE INDEX OF THE NODE FOR WHICH THE WEIGHTS
C                        ARE TO BE CALCULATED.
C INTEGER ID          :: INDICATOR. ID=1 GIVES THE WEIGHTS FOR DY/DX,
C                        ID=2 FOR D2Y/DX**2, AND IND=3 GIVES
C                        THE GAUSSIAN WEIGHTS. THE VALUE OF I IS
C                        IRRELEVANT IN THIS CASE.
C REAL*8 ARRAYS
C   ROOT, DIF1, DIF2, DIF3  :: THE ONE-DIMENSIONAL ARRAYS COMPUTED IN
C                             JCOBI.
C
C    OUTPUT PARAMETERS:
C
C REAL*8 ARRAY VECT  :: THE COMPUTED VECTOR OF WEIGHTS (A(I,K),
C                        B(I,K), OR W(K), K=1,2,....NT)

C                    NT
C          DY(I)/DX=SUM(A(I,J)*Y(J))
C                   J=1
C                        NT
C          D2Y(I)/DX**2=SUM(B(I,J)*Y(J))
C                       J=1
```

153

```
C                               NT
C       INT(Y(X)*(1-X)**AL*X**BE)DX=SUM(W(J)*Y(J))
C                               J=1
C     ************************************************************

C
      IMPLICIT REAL*8(A-H,O-Z)
      DIMENSION DIF1(1),DIF2(1),DIF3(1),ROOT(1),VECT(1)
      NT=N+N0+N1
      IF(ID-3)11,10,11
   11 DO20J=1,NT
      IF(J-I)21,22,21
   22 IF(ID-1)5,7,5
    7 VECT(I)=DIF2(I)/DIF1(I)/2.D0
      GOTO 20
    5 VECT(I)=DIF3(I)/DIF1(I)/3.D0
      GOTO 20
   21 Y=ROOT(I)-ROOT(J)
      VECT(J)=DIF1(I)/DIF1(J)/Y
      IF(ID.EQ.2)VECT(J)=VECT(J)*(DIF2(I)/DIF1(I)-2.D0/Y)
   20 CONTINUE
      GOTO 50
   10 Y=0.D0
      DO25J=1,NT
      X=ROOT(J)
      AX=X*(1.D0-X)
      IF(N0.EQ.0)AX=AX/X/X
      IF(N1.EQ.0)AX=AX/(1.D0-X)/(1.D0-X)
      VECT(J)=AX/DIF1(J)/DIF1(J)
   25 Y=Y+VECT(J)
      DO60J=1,NT
   60 VECT(J)=VECT(J)/Y
   50 RETURN
      END
```

IX- Sous-programme INTRP :

La valeur de Y à n'importe quel point $x = x_A$ peut être établie de :

$$Y(X_A) = \sum_{i=1}^{NT} l_i(x_A) \cdot Y_i$$

où: $$l_i(x_A) = \frac{P_{NT}(x_A)}{(x_A - x_i) \cdot P_{NT}^{(1)}(x_i)}$$

En conséquence, si les points d'interpolation x_i (ROOT) et la première dérivée du polynôme nodal $P_{NT}^{(1)}(X_i)$ (D1F1) sont connus, les pondérations d'interpolation sont facilement calculées.

Ce sous-programme est de la forme suivante :

CALL INTRP (NT, X, ROOT, DIF1, VECT)

Paramètre d'entrée

NT : nombre total de points d'interpolation (NT = N+N0+N1) pour lequel la valeur de la variable dépendante Y est connue.

X : l'abscisse x où Y(x) est désirée.

ROOT, DIF1 : points d'interpolation et dérivées du polynôme nodal, dérivés dans JACOBI

Paramètres de sortie

VECT : vecteur des pondérations d'interpolation $l_i(x)$

Y(x) est donc établie du :

$$Y(X) = \sum_{I=1}^{NT} VECT(I) \cdot Y(I)$$

155

```
C
      SUBROUTINE INTRP (NT,X,ROOT,DIF1,XINTP)
C     ************************************************************
C     INPUT PARAMETERS:
C
C  INTEGER NT    ::  THE TOTAL NUMBER OF INTERPOLATION POINTS
C                    (=N+N0+N1) FOR WHICH THE VALUE OF THE
C                    DEPENDENT VARIABLE Y IS KNOWN.
C  REAL*8 X      ::  THE ABSCISSA X WHERE Y(X) IS DESIRED.
C  REAL*8 ARRAY ROOT,
C         DIF1  ::  INTERPOLATION POINTS AND DERIVATIVES
C                   OF NODE POLYNOMIAL, DERIVED IN JCOBI.
C
C     OUTPUT PARAMETERS:
C
C  REAL*8 ARRAY XINTP :: THE VECTOR OF INTERPOLATION WEIGHTS
C                    L/I/(X). Y(X) IS THEN FOUND FROM
C                    NT
C                    SUM(XNTP(I)*Y(I))
C                    I=1
C
C
C  EVALUATION OF LAGRANGE INTERPOLATION COEFFICIENTS
C     ************************************************************
      IMPLICIT REAL*8(A-H,O-Z)
      DIMENSION ROOT(1),XINTP(1),DIF1(1)
      POL=1.D0
      DO5I=1,NT
      Y=X-ROOT(I)
      XINTP(I)=0.D0
      IF(Y.EQ.0.D0)XINTP(I)=1.D0
    5 POL=POL*Y
      IF(POL.EQ.0.D0)RETURN
      DO6I=1,NT
    6 XINTP(I)=POL/DIF1(I)/(X-ROOT(I))
      RETURN
      END
```

Printed by Books on Demand GmbH, Norderstedt / Germany